纺织服装高等教育"十四五"部委级规划教材

时装画技法
手绘表现技能全程训练
FASHION ILLUSTRATION

第四版

王悦 著

东华大学出版社·上海

图书在版编目（CIP）数据

时装画技法：手绘表现技能全程训练 / 王悦著 . ——
4 版 . —— 上海：东华大学出版社，2023.8
ISBN 978-7-5669-2247-2

Ⅰ . ①时… Ⅱ . ①王… Ⅲ . ①时装－绘画技法－教材
Ⅳ . ① TS941.28

中国国家版本馆 CIP 数据核字 (2023) 第 140774 号

责任编辑：谢未
装帧设计：王丽

时装画技法：手绘表现技能全程训练（第四版）
SHIZHUANGHUA JIFA: SHOUHUI BIAOXIAN JINENG QUANCHENG XUNLIAN

著　　　者：王悦
出　　　版：东华大学出版社
（上海市延安西路 1882 号　　邮政编码：200051）
出版社网址：dhupress.dhu.edu.cn
出版社邮箱：dhupress@dhu.edu.cn
营 销 中 心：021-62193056　62373056　62379558
印　　　刷：上海当纳利印刷有限公司
开　　　本：889 mm×1194 mm　1/16
印　　　张：9.5
字　　　数：334 千字
版　　　次：2023 年 8 月第 4 版
印　　　次：2023 年 8 月第 1 次
书　　　号：ISBN 978-7-5669-2247-2
定　　　价：59.80 元

前　言

　　时装画是以服装为载体的艺术表现形式，以表现时装或时尚风貌为主要目的。时装画是运用绘画手法针对服装和服装穿着后美感的具体表达。与其他绘画艺术不同，时装画的突出特点是在审美上的直观性和时尚性。作为一种独特的绘画种类，时装画有多种表现形式和风格，具有丰富的艺术情趣和形式美感。

　　本书侧重时装画手绘基础技法与多种实践风格的结合，围绕″时装画手绘表现″这一主题，以服装人体、着装、技法表现为重点，系统论述了人体比例、姿态、着装、面料和服装款式图的绘制方法以及多种材质与风格的手绘表现技法。书中丰富的手绘步骤实例和时装画作品为学生提供了多种可资借鉴的时装绘画表现形式与方法。学生可以通过本教材由浅入深，较快掌握运用手绘的表现形式完成时装画创作。

　　时装绘画的过程实际上是一种对设计深入思考的过程，在这一过程中如何艺术化地呈现出自己的设计理念是时装画创作的重点。希望本书能够引导读者深入时装绘画的过程，感受绘画给我们带来的美感和乐趣，体味灵感在创作中的延伸与发展。

　　本书选取了近年来清华大学美术学院服装艺术设计专业学生的优秀作品和课程作业，在此向提供画稿的老师和同学表示感谢，同时感谢中国服装设计师协会和《服装设计师》杂志社对本书的大力支持和帮助。对于本书存在的问题和不足之处，恳请大家批评、指正。

王悦

2023年7月

目录 CONTENTS

第 **1** 章

时装画概述

第 **2** 章

人体绘画

第 **3** 章

着装技巧

第 **4** 章

手绘时装画
表现技法

第 **5** 章

服装款式图

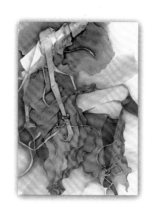

第 **6** 章

全国时装画艺术大赛获奖作品赏析

第 1 章　时装画概述

一、什么是时装画

时装画是以服装为载体的艺术表现形式，是运用绘画艺术手法针对服装和服装穿着后美感的具体表现。时装画不仅是服装设计进程的一部分，也是服装流行信息交流的一种有效媒介，其突出特点是在审美上的直观性和时尚性。它可以将设计构思简单快捷地记录下来，也可以像其他绘画形式一样具有多种表现形式和多样风格。时装画可以通过时装效果图、时装插画、时装草图和款式图等形式来完成，它们的作用各异，表现技法和侧重点也各有不同。

（一）时装插画与时装效果图

时装插画是时尚艺术的一种平面美术创作形式，多出现在时装杂志、海报和广告中。当代的时装插画没有固定的法则和约束，也没有明确的工作方式和流行风格，时装画家可以对任何一位设计师的作品进行绘画创作，它表现的重点不在于设计，而在于捕捉服装的神韵。时装插画不一定要完整地展现服装，主要用来表达一种情绪或者特定的氛围，表现服装设计的灵魂、个性乃至思想内涵，因此画面上除了人物和服装以外，通常对主体所处的背景和环境也有所交代。与时装效果图相比，时装插画往往更富有艺术表现力，更能反映服装画家的个性和艺术风格（图1-1～图1-5）。

▲ 图1-1　Rene Gruau 为法国版 *Vogue* 时装杂志（1981年9月期）绘制的 Yves Saint Laurent 时装作品的插画

◀ 图1-2 （左图）时装插画（Stina Persson 绘）
　图1-3 （右图）Mats Gustafson 为 Gianfranco Ferre 的高级时装作品绘制的时装插画（1989年秋冬系列）

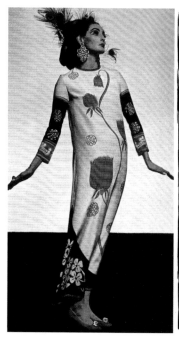

▲ 图1—4 时装插画（1909年皮草行Swan & Edgar 在伦敦摄政街的广告，展示了当时流行的毛皮大衣以及手笼、帽子、领饰等毛皮饰品，并附有价格和说明）

▲ 图1—5 左图是1967年英国版 *Vogue* 时装杂志刊登的Chloe时装作品，右图是Howard Tangye2001年为其绘制的时装插画

▲ 图1—6 时装效果图（Maurizio Pecoraro 绘）

时装效果图是一种用以表达时装设计意图的准确而快捷的绘画形式。它应用于服装业的设计环节中，是从服装设计构思到成衣作品完成过程中不可缺少的重要组成部分。时装效果图是围绕服装进行的描述性的绘画，通常将注意力放在对服装款式、色彩、材质和工艺结构的表达上，着重强调的是服装与人体、服装与服装、设计细节与整体之间的关系，时装效果图多以线条勾画，再配有面料小样、款式图和文字说明（图1—6图～图1—11）。

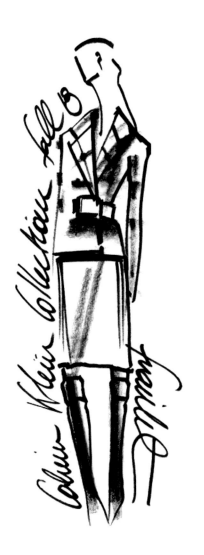

▲ 图1-7 设计师 Francisco Costa 为 Calvin Klein 品牌 2013 年秋冬服装系列绘制的效果图

图1-8 时装效果图（Celia Birtwell 于 1969／1970 年绘）

图1-9 中间这幅照片是 Dior 先生 1947 年推出的"新形象"，左图是 Rene Gruau1966 年
绘制的插画作品，右图是 Dior 先生 1950 年高级时装设计手稿

▲ 图1-10 时装效果图（王悦 绘）
　图1-11 时装效果图（Dantel Hechter 绘）

（二）时装草图和款式图

时装草图是一种简便快捷的绘画形式，它是设计师在创作过程中对设计灵感的迅速捕捉，也是创意拓展和素材收集整理的主要工具。当灵感与素材在不同的设计方向之间徘徊，对构思的快速记录常常会为设计工作带来意想不到的能量和创造力。时装草图要求能够描绘出关键的设计元素，例如服装的廓形和重点结构、细节、图案等，在草图反复的勾画过程中，可以尝试设计元素的不同组合方式，揣摩整体与局部、材料与细节等比例关系（图1-12～图1-17）。

▶ 图1-12 Christian Lacroix 为其1987年第一场高级时装秀所绘制的故事版草图

▲ 图1-13 时装草图（胡洋洁 绘）
◀ 图1-14 时装草图（Ya-Chiao Rexy
Sung 绘）
　图1-15 时装草图（华嘉 绘）

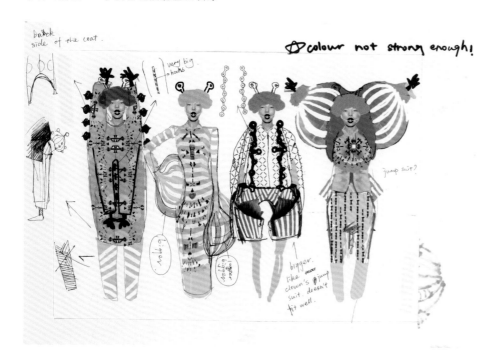

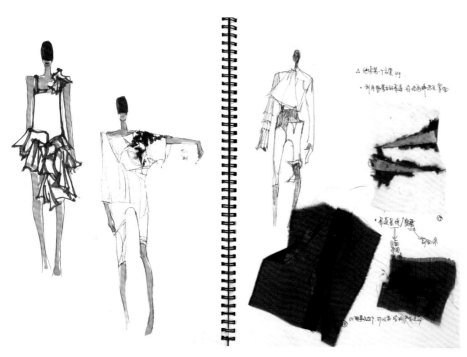

款式图可以界定为以清晰地描绘服装款式、结构和工艺细节为目的的绘画形式。它广泛地应用于服装业的设计环节中，也应用于服装流行信息的发布中。款式图为服装的裁剪制作提供了依据，适合工业化生产的需要，在实际应用中具有较高的参考价值。在绘制款式图时，应该对服装结构有充分的理解和认识，对服装的描绘要符合人体的比例，要尽量把服装的结构和细节交代清楚，如省道、结构线、褶皱、明线等。通常独立存在的款式图多以正面和背面为主，根据设计、生产与展示的不同需求，可以选择徒手画、用尺规作图或电脑绘图（图1-18~图1-20）。

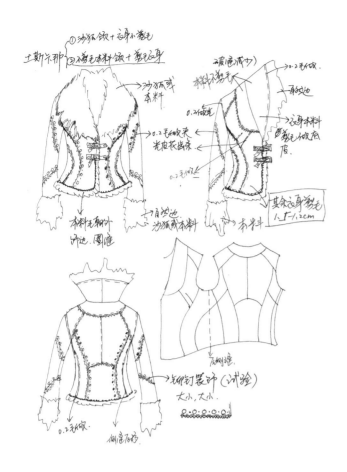

▲ 图1-18 款式图手稿（王悦　绘）
图1-19 电脑绘制的服装款式图（陈闰荆　绘）
▼ 图1-20 用于流行信息发布的款式图

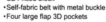

MAXI OVERCOAT
· Long-line tailored maxi overcoat
· SB3 fastening
· Wide peak lapels
· Tapered waist
· Flap pockets

BELTED JACKET
· Tailored belted jacket
· SB4 fitted block
· Self-fabric belt with metal buckle
· Four large flap 3D pockets

　　尽管我们可以直接用面料在人台上通过立体造型的方式来实现时装创意，但在设计的不同阶段，仍需要先在纸面上进行大量的创作。运用绘画形式将头脑中的设计构思展现在纸面上是成为一名时装设计师的必备技能。但要注意的是，对于服装设计师来说，最重要的事情是设计本身，而不是绘画。如同我们可以通过语言、文字来传达某种思想一样，绘画只是传达你设计创意和展现服装穿着效果的手段之一，是设计过程中的一个环节，而并非设计的最终结果。

二、绘画工具与材料

在绘制时装画之前，要预先了解并准备好所用的工具和材料。手绘时装画的常用工具主要包括纸张、笔、颜料和辅助工具四大类。绘画时，要掌握不同工具的使用方法和性能特点，根据画面表现效果的需要和个人喜好来优先选择工具。

（一）纸张

手绘时装画中最常用的是水粉纸和水彩纸，还有素描纸、复印纸、白报纸、拷贝纸、白卡纸以及各种有色纸和特种纸。另外，速写本也常用于记录构思和绘制草图。

（二）笔（图1-21、图1-22）

1.涂色笔

服装画中最常用的涂色笔是可以调和多种颜色、用于平涂或晕染的毛笔。主要有软质的（羊毫）白云笔，还有水粉笔和水彩笔（常用扁平形笔头）。另外，各种彩色铅笔、水溶性彩色铅笔、水性麦克笔、油性麦克笔、油画棒、色粉笔等也是手绘时装画常用的涂色工具，它们本身具有多种颜色选择，无需调和，具有使用简便快速的特点。

2.勾线笔

勾线笔一般分为硬线笔和软线笔两类，硬线笔包括绘图笔（也称针管笔，笔尖粗细从0.1~0.9mm）、速写钢笔（弯尖钢笔）、圆珠笔等，软线笔常用的有硬质（狼毫）的叶筋、衣纹笔，毛锋长且便于勾线。另外常用于画草稿的专业用铅笔（软硬适中的HB）和彩色铅笔也常作为勾线笔使用。

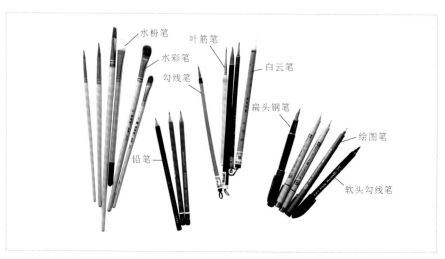

▶ 图1-21、图1-22
各种绘画用笔

（三）颜料

颜料主要分为两大类，第一类是覆盖力较弱的薄而透明的颜料，以水彩为主，如管装或瓶装的水彩色、国画色和透明水色等；另一类是覆盖力较强的不透明颜料，主要是水粉色、广告色和丙烯色等（图1-23）。

（四）辅助工具

除了以上所讲的纸、笔、颜料以外，手绘时装画时还需要一些辅助性工具，如：用于固定纸张的画板、胶带纸、双面胶、夹子、图钉等；用于调色的调色板和颜色盒；用于涮笔的水桶；还有尺子、裁纸刀、剪刀、定画液等工具（图1-24）。

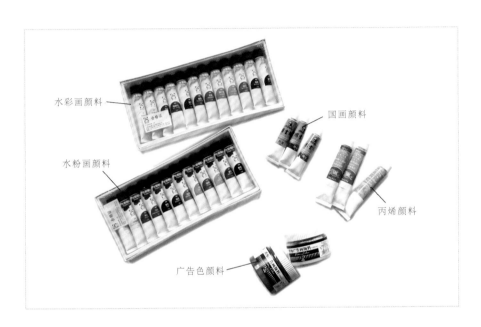

图1-23 颜料
图1-24 辅助工具

▲ 图1-25 单人构图（Janki Patel 绘）
　图1-26 单人构图（温馨 绘）

三、时装画的构图

在时装画的创作过程中，构图是将设计理念完整展现的重要环节。它往往丰富多变，注重对个人风格和形式感的表现。根据设计需要通常有单人构图、双人构图和多人构图三类。

（一）单人构图

时装画中最为常见的就是单人构图形式，通常将单个人物安排在画面的中心位置，大小比例适中，以保证画面的完整性。有时根据服装款式的需要可以把人物安排在偏左或偏右的位置，或把头部和四肢置于画面之外，生动而富于变化（图1-25～图1-28）。

▲ 图1-27 单人构图（秦瑶 绘）
　图1-28 单人构图（谢玮 绘）

（二）双人构图

画面中两个人物形成一个整体，注意通过人物的前后、大小、姿态的呼应来协调人物之间的平衡关系（图1-29～图1-32）。

▲ 图1-29 双人构图（温馨 绘）
　图1-30 双人构图（张乐暄 绘）

▲ 图1-31 双人构图（李春菁 绘）
　图1-32 双人构图（Holly Jade Farmer 绘）

（三）多人构图

多人构图是将多个人物有机地组合在一起，注意对人物之间的距离和空间层次关系的把握，对人物动态的组合方式以及画面环节和气氛的渲染（图1—33～图1—36）。

◀ 图1—33 多人构图（吴栩茵 绘）
▼ 图1—34 多人构图（Berto Martinez 绘）
图1—35 多人构图（邹萍 绘）

▲ 图1-36 拼贴与绘画结合的多人构图（Ya-Chiao Rexy Sung 绘）
▶ 图1-37 写实风格（程明月 绘）
　　图1-38 写实风格（罗宇豪 绘）

四、时装画的表现风格

（一）写实风格

　　写实风格的特点是细腻逼真，运用水粉、水彩和素描等多种表现技法，对画面人物造型、五官结构、明暗关系以及面料质感等进行细致准确的描绘，因此对于作者的绘画基本功要求较高（图1-37、图1-38）。

（二）速写风格

　　速写风格常用在设计草图和设计手稿中，是一种简便、快捷的表现方式。以速写的语言来表现时装人物时，应在高度的概括和艺术性之间寻找平衡（图1-39、图1-40）。

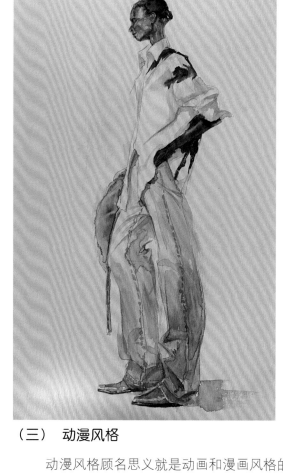

▲ 图1-39 速写风格（Louise O'keeffe 绘）
　图1-40 速写风格（贾钦然 绘）

（三） 动漫风格

　　动漫风格顾名思义就是动画和漫画风格的时装画。这种风格的时装画往往具有独特的人物造型，相对夸张的人体或服装，画面富于趣味性和新鲜感（图1-41、图1-42）。

▲ 图1-41 动漫风格（Keiling Lee 绘）
◀ 图1-42 动漫风格（张丽娜 绘）

（四）装饰风格

装饰风格的时装画因其手法单纯并且具备装饰画的审美特点，通常具有较强的视觉冲击力，多用于时装插画和时装海报中。它具备多种装饰性的元素，如概括的人物形象、平面化的绘画手法、大色块的对比以及富有情趣的服饰图案和细节处理。它主要用来表达一种情绪或者特定的氛围，展现服装设计的思想内涵（图1-43～图1-45）。

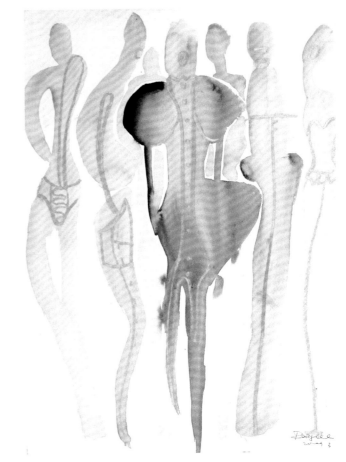

▶ 图1-43 装饰风格（罗宇豪 绘）
▼ 图1-44 装饰风格（佘晓琴 绘）
　图1-45 装饰风格（温馨 绘）

五、绘制时装画的基本步骤

（一）绘制草稿

根据预想的构图，在草稿纸上画出人体的中心和比例，确定人体动态和四肢位置，然后画出着装后的大效果。最后深入刻画人物与服装的细节，并擦掉起稿线，保留准确的结构线（图1-46、图1-47）。

（二）拷贝

拷贝就是将草稿复制到正稿纸上。较好的拷贝方法有两种：其一是在草稿纸的背面用铅笔在有线条的部分涂上颜色，然后将草稿放在正稿纸上，用一定硬度的笔将草稿纸上的轮廓拓印到正稿纸上；其二，使用拷贝纸将草稿拷贝下来，可以通过拷贝台直接拷贝在正稿纸上，也可以将拷贝纸置于正稿纸上，用第一种方法进行拷贝。

（三）着色

调色后一般先在草稿纸上尝试颜色效果，然后再在正稿上涂色。首先画出肤色，注意肤色与服装颜色的协调，然后画服装色，根据设计的需要选择不同的表现技法以合适的工具涂色（图1-48~图1-51）。

（四）勾线

待画面颜色干后即可勾线。用线力求概括准确，根据服装结构和面料质感选择勾线的工具和方法（图1-52）。

▲ 图1-46 草稿
图1-47 完成稿
▶ 图1-48 在草稿纸上尝试颜色效果

▲　图1—49 着肤色
▶　图1—50 着服装色
▼　图1—51 根据服装结构和衣纹加重影调
　　图1—52 勾线与细节描绘

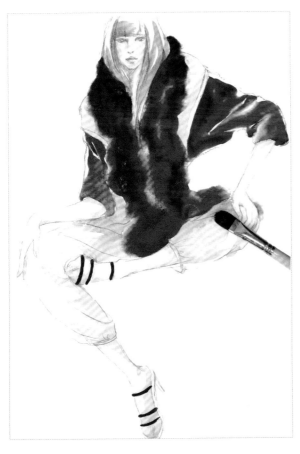

基本步骤绘图：吴栩茵

第 2 章 人体绘画

服装是指人在着装后的一种状态，而服装设计正是对于这种着装状态的设计。人体作为贯穿整个设计过程的主体，无疑成为服装设计学习中非常重要的因素。所以学习服装画不仅要了解人体的构造，还要进一步了解人体的审美特征和各部分形态的艺术表现手法。

▼ 图 2-1 人体骨骼主要肌肉组织

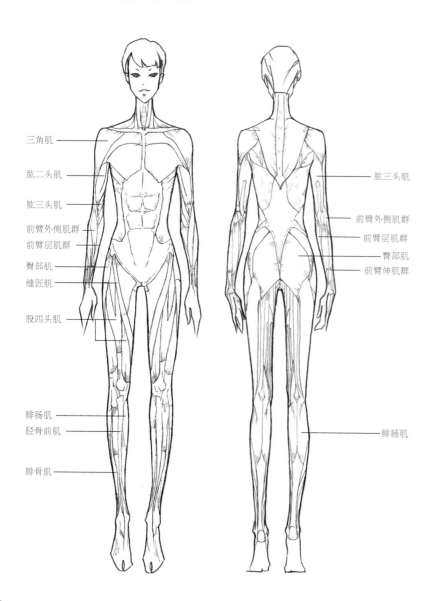

三角肌
肱二头肌
肱三头肌
前臂外侧肌群
前臂层肌群
臀部肌
缝匠肌
股四头肌
腓肠肌
胫骨前肌
腓骨肌

肱三头肌
前臂外侧肌群
前臂层肌群
臀部肌
前臂伸肌群
腓肠肌

一、人体的基本结构

人体由头部、躯干、上肢和下肢四大部分构成。骨骼是人体的基础，人体骨架由 206 块骨骼组成，骨骼与骨骼之间通过关节和肌肉相连接，从而达到自由活动的状态。骨架上附着了不同形状的肌肉，呈现出人体自然的外部形态。关节是人体能够产生丰富动态的基础，图2-1和图2-2中所指示的部位就是人体可以自然弯曲的脊椎和6个主要关节。

二、8头半身人体比例

本书中的人体采用的是 8 头半身人体比例。在这里，我们以头长作为确定人体比例的基准，所谓 8 头半身人体比例是指人水平站立时，以头长为单位将人体身高夸张为 8 个半头长的人体比例。因为 8 头半身人体比例最接近实际比例，且具有艺术夸张效果，所以是服装人体绘画中最常选用的比例结构。

人体部位也可以以头长来衡量，如：从正面看，女性的腰宽约为一个头长，肩宽约为一个半头长，脚长约为一个头长；上肢自然下垂时，手腕关节正好在第四头长线之下，大臂略长于一个头长，小臂长度约为一个头长（图2-3、图2-4）。

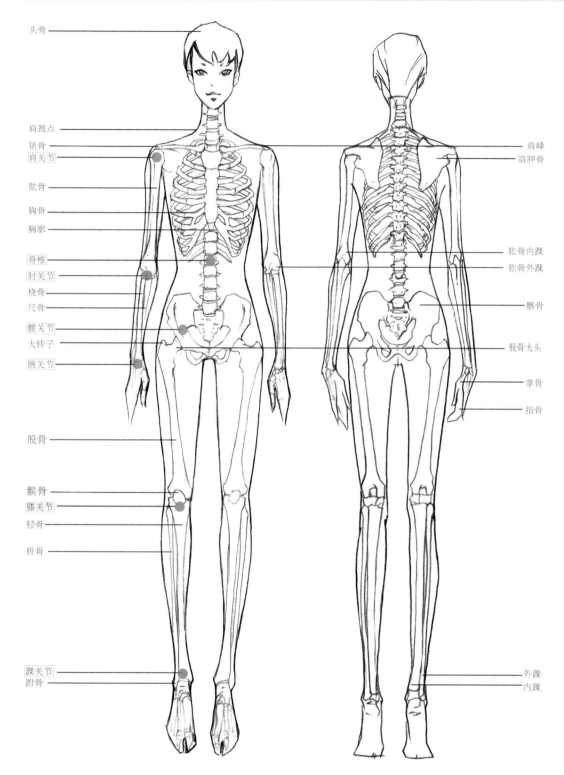

头骨

肩颈点
锁骨
肩关节

肱骨

胸骨

胸廓

脊椎
肘关节
桡骨
尺骨
髋关节
大转子
腕关节

股骨

髌骨
膝关节
胫骨

腓骨

踝关节
跗骨

肩峰
肩胛骨

肱骨内踝
肱骨外踝

髂骨

股骨大头

掌骨

指骨

外踝
内踝

▲　图 2-2 人体主要骨骼结构

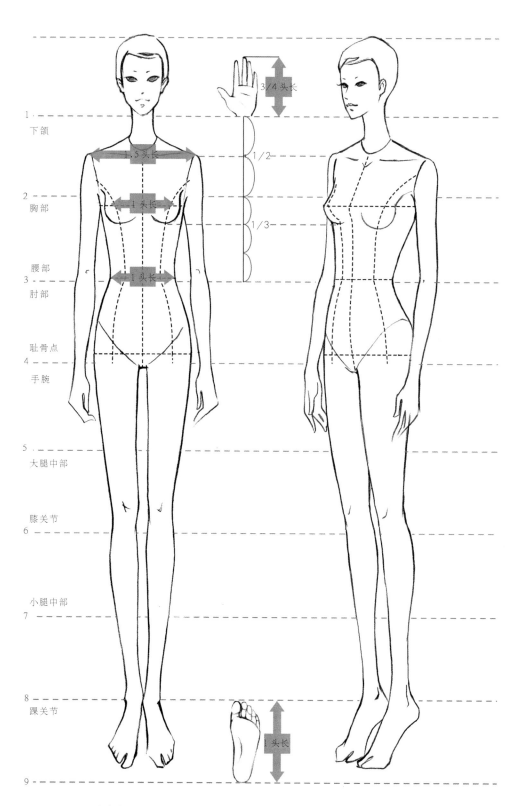

1. 下颌
2. 胸部
   腰部
3. 肘部
   耻骨点
4. 手腕
5. 大腿中部
   膝关节
6.
   小腿中部
7.
8. 踝关节
9.

▲ 图2-3 8头半身人体比例正、3/4侧面图

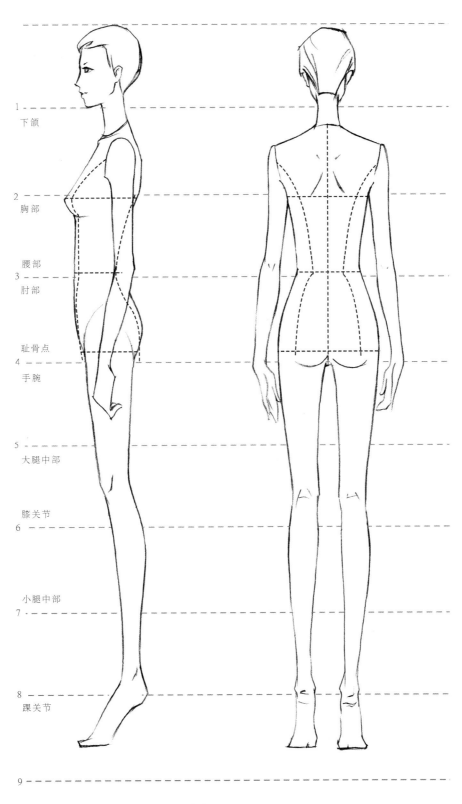

1 下颌

2 胸部

腰部
3 肘部

耻骨点
4 手腕

5
大腿中部

膝关节
6

小腿中部
7

8
踝关节

9

▲ 图 2-4　8 头半身人体比例侧、背面图

三、服装人体的夸张部位

时装画中的人体比实际人体比例约多出至少1个头长，在服装插画中甚至将人体比例夸张到10个头长以上。从整体上看，人体的夸张部位主要体现在四肢上，特别是腿部比例的加长，而躯干部分因为受到服装造型的限制，所以不便予以过分夸张。在女性人体的夸张部位中，以颈、胸、腰、臀的曲线夸张作为重点，另外大臂、小臂、大腿、小腿的夸张

比例也应该相互协调；男性人体的夸张部位则主要是肩膀和胸部的宽度、厚度，四肢的长度和整体肌肉的发达程度等（图2-5）。

四、服装人体体积感的表现

在描绘人体与服装时都要考虑其体积关系并进行适当的表现。如图2-6通过描绘人体横向与纵向的断面曲线，可以表现出人体的透视关系与体积感。参考横向断面曲线可描绘出服装的领口、袖口、腰带、鞋子以及下摆等部位的空间关系；通过纵向断面曲线来表现服装前门襟、侧缝以及各种省道线，辅助表现人体胸、腰、臀部的起伏变化。

一般情况下，服装人体的视平线设定在与模特颈窝点等高，相距3米左右的位置。有时，为了给人以仰视的感觉，也可以将视平线设定在臀围线及其以上的位置。

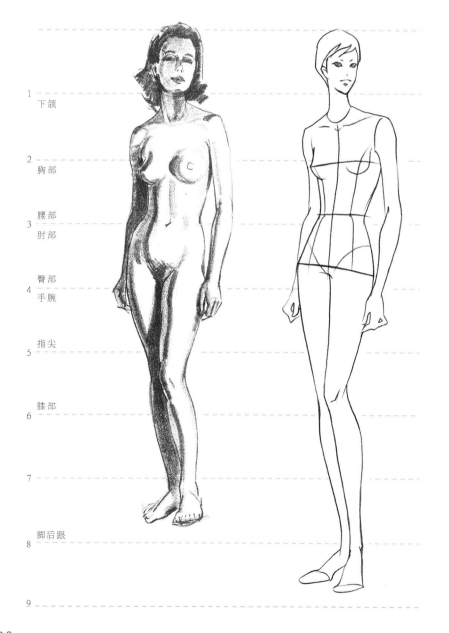

图2-5 服装人体的夸张部位

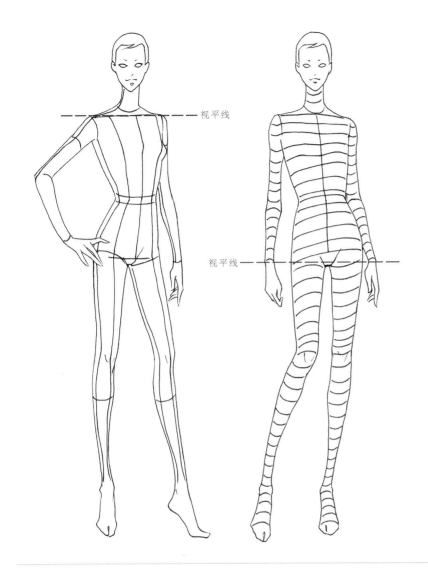

视平线

视平线

◀　图 2-6 人体体积感的表现
▼　图 2-7 人体姿态的形成

五、服装人体姿态的表现

（一）服装人体姿态的形成

人体姿态的形成主要是由躯干部分的肩膀和骨盆倾斜变化而决定的。当人体的重心从一侧移向另一侧时，躯干支撑人体重量的一侧髋部抬起，骨盆向不承受重量的一侧倾斜，肩膀则向身体承受重量的一侧放松，因此肩线和髋线出现了倾斜度。简而言之，肩线和髋线不同角度的变化是构成人体各种姿态的基本法则。如图 2-7 中图 A 展示的是直立姿态，图 B、图 C 展示的是身体重心在一只脚上的姿态，图 B 中肩线和髋线相对倾斜，图 C 中肩线和髋线则呈现出平行的自然状态。图 D 中，当模特两脚着地时，髋、两膝以及脚后跟的倾斜度是基本一致的。

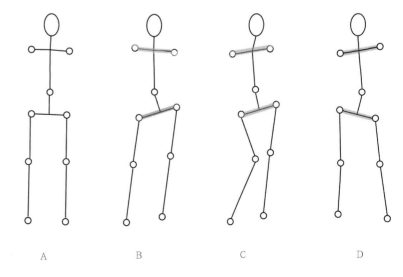

A　　　　　B　　　　　C　　　　　D

（二）服装人体姿态的表现

在绘制服装人体姿态时，关键是要掌握"一点四线"，一点即颈窝点，四线即重心线、中心线、肩线和髋线。"一点四线"决定着人体的动态，是画好服装人体姿态的关键。

从颈窝点可以分别引出重心线和中心线。通过颈窝点垂直于地面的线是人体的重心线，重心线可以确定人体的重心，明确下肢的位置，一般情况下，承受重量的脚应画在重心线上。当人体向一侧倾斜时，手臂或腿就会向另一方向伸展，从而达到平衡的状态。另外，从颈窝点过肚脐至两腿中部的连线是人体的中心线，中心线可以理解成人体躯干的动态线，它对于抓住人体的动态、塑造服装人体的立体效果有很大帮助。肩线和髋线不同角度的变化决定了服装人体的姿态。一般情况下，肩线的倾斜角度较小，接近于水平线，而髋线的倾斜幅度较大，从而产生一定的角度变化。角度越大，人体姿态越夸张，但有时肩线和髋线也呈现出平行的自然状态（图2-8）。

（三）服装人体姿态的手绘步骤

（1）在画面上确定整个人体的高度，以头长为单位，用直尺由上而下平行地标出9个格子。在第二个格子的1/2处画一条肩线辅助线，然后标明头顶、肩线、腰线、耻骨点、膝关节和踝关节的位置。

（2）画出头和颈部，再确定颈窝点和肩斜线的位置。由颈窝点引一条垂直线（重心线）至踝关节线上；根据人体姿态，再从颈窝点画出人体的动态线（中心线），根据这条线画出胸腔和盆腔的外形。

（3）根据人体姿态和重心线的位置，画出承受重力的腿、脚的位置。通常双腿受力的人体姿态，也是先画承重多的那条腿。

（4）确定手、肘关节的位置，用弧线连接胸腔、盆腔和四肢，并画出乳房的形状。注意左右乳房及双脚的方向和透视关系（图2-9~图2-11）。

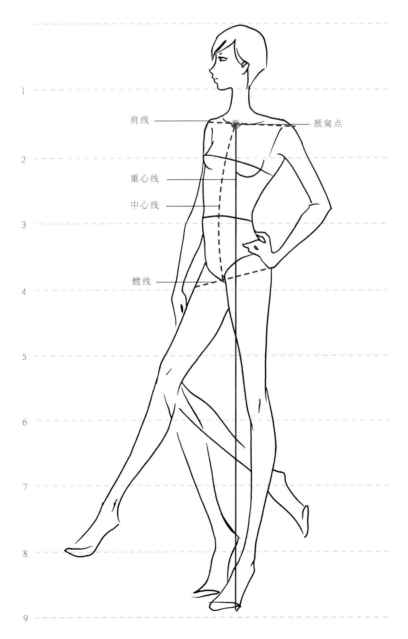

肩线　颈窝点
重心线
中心线
髋线

1
2
3
4
5
6
7
8
9

◀ 图2-8 服装人体姿态表现

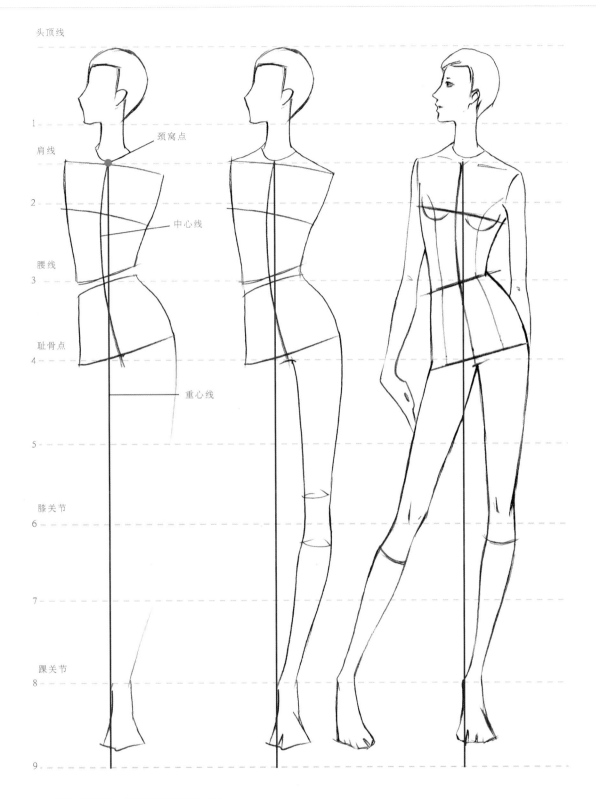

头顶线

肩线

颈窝点

中心线

腰线

耻骨点

重心线

膝关节

踝关节

▲　图 2-9 服装人体姿态手绘步骤（1）

头顶线

1

肩线

2

腰线

3

耻骨点

4

5

膝关节

6

7

踝关节

8

9

▲ 图2-10 服装人体姿态手绘步骤（2）

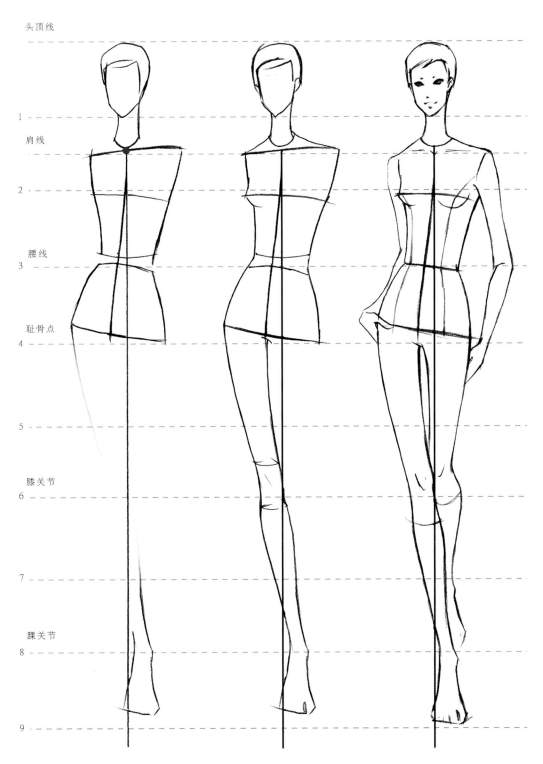

头顶线

肩线

1

2

腰线

3

耻骨点

4

5

膝关节

6

7

踝关节

8

9

▲　图2-11 服装人体姿态手绘步骤（3）

（四）常用服装人体姿态

　　人体的动态变化无穷,但服装人体姿态中往往没有太多的伸展和弯曲动作,以正面、3/4 侧面静止站立姿态为主。这种动态重心稳定,动作幅度较小,人体左右基本对称,易于充分表现服装的款式特点。图2-12～图2-15 中展示的是服装设计师常用的人体姿态,设计师往往采用一两种姿态作为模板,将设计的新款式直接套画在上面。

▲　图2-12 常用服装人体姿态 (1)

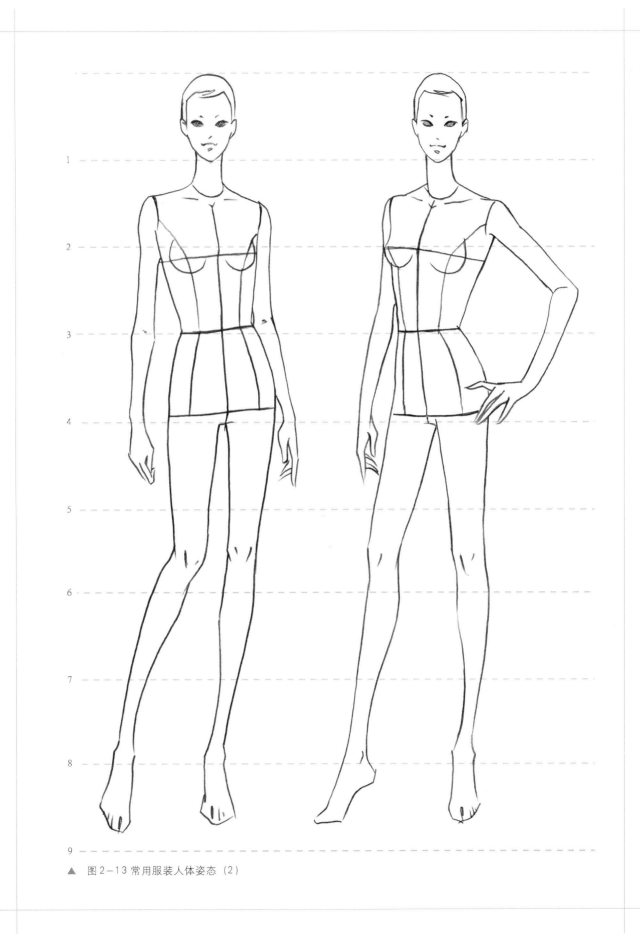

▲　图 2-13 常用服装人体姿态（2）

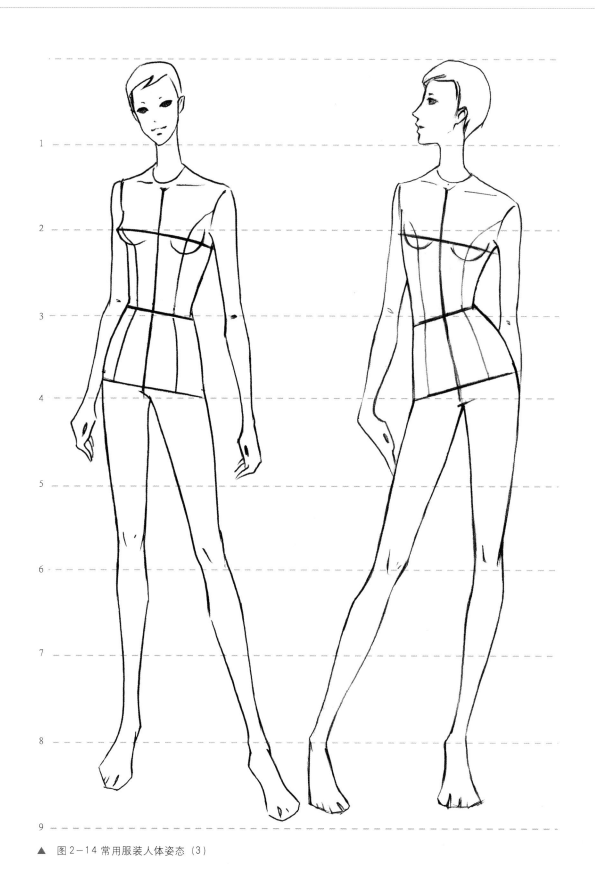

▲ 图2-14 常用服装人体姿态（3）

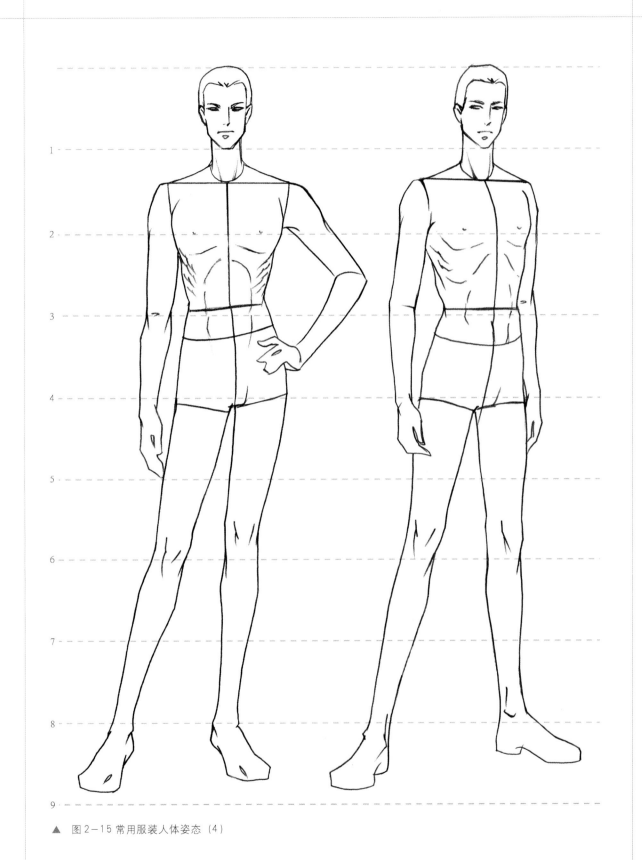

▲ 图 2-15 常用服装人体姿态（4）

（五）服装人体姿态的变化

图2-16和图2-17中，模特的身体结构和躯干姿态都没有太大变化，但是随着头部、颈部、手臂和腿部位置与姿势的不同，模特造型风格产生了很大变化。

▲ 图2-16 人体姿态变化（1）

▲ 图 2-17 人体姿态变化（2）

六、服装人体局部表现

（一）头部与发型的表现

1.五官的比例

　　尽管头部被视为服装画的重点描绘对象，可以通过对五官的刻画来表达人物的外在特征和内心变化，但与整个人体姿态相比较，头部的刻画始终处于表现的次要位置。在头部绘画学习的过程中，应掌握脸部的"三庭五眼"和整体透视的基本法则。三庭即眉线、鼻底线和下颌线；五眼即人体脸部正面观察时，脸的宽度为五只眼睛长度的总和（图2—18）。如图2—19、图2—20，在从不同角度观察头部时，五官的位置及其透视关系都会发生变化。同时，在五官的绘制中，以眼部和嘴部的刻画尤为重要，通过运用眼神和口形的变化，以达到强化模特性格特征的目的。

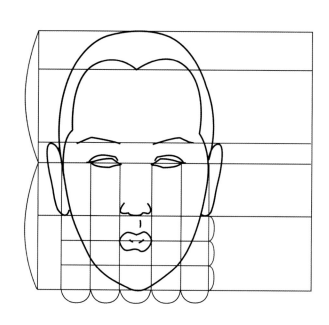

▶ 图2—18 面部比例
▼ 图2—19 头部表现

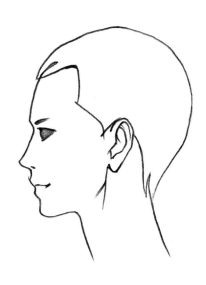

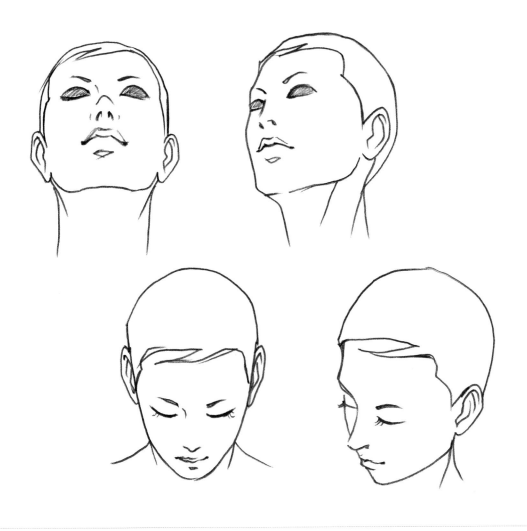

▲　图 2-20 不同角度头部透视变化

2.眼睛与眉毛的表现

眼睛由眼眶、眼睑和眼球三部分组成。当眼睛睁开时,上下眼睑和内外眼角组成的形,正面为棱形,侧面为三角形。刻画眼部时,要注意对上眼睑、内眼角、眼球及瞳仁等重点结构的描绘,省略次要部分和多余细节。根据眼睑的厚度适当调整笔调,同时确定瞳仁被眼睑遮挡的程度。最后在眼睑的外侧适当添加睫毛(图2-21)。眉毛的起笔位置一般在内眼角的上方,眉头方向朝上,眉梢方向朝下,形成自然的弯曲,通过眉峰的位置和眉毛的长短浓淡来表达情绪。

在时装画中,模特眼部的表现更强调个性与神情的表达。眼睛形状与眉形细微的变化所传达出的信息就会有很大差异。为了传神,眼睛的画法是需要反复练习的,尝试各种眼睛与眉形的组合,逐渐总结出具有个人风格的眼部刻画方法(图2-22)。

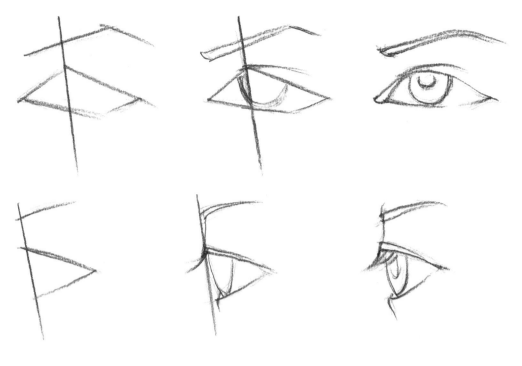

▲ 图 2-21 眼睛的表现步骤
▼ 图 2-22 眼睛的表现

3.鼻子与耳朵的表现

在服装画中，鼻子的表现要把重点放在把握大形和方向上。鼻子一般不用过多刻画，只要简单画出鼻梁和鼻底就可以了，绘画时还要注意鼻子和脸部的比例关系（图2-23）。

耳朵的正确位置是在眉线至鼻底线之间。在实际绘画过程中，耳朵经常被简化处理或省略。绘画重点是在确定其位置和大小的同时，对不同角度耳朵外轮廓的描绘（图2-24）。

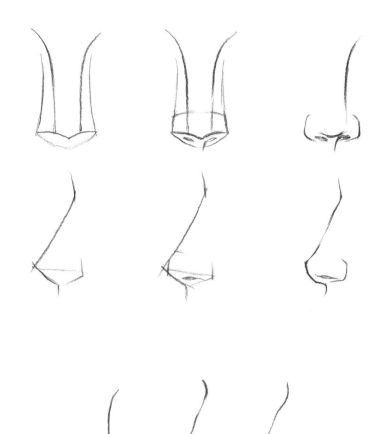

▶ 图2-23 鼻子的表现
▼ 图2-24 耳朵的表现

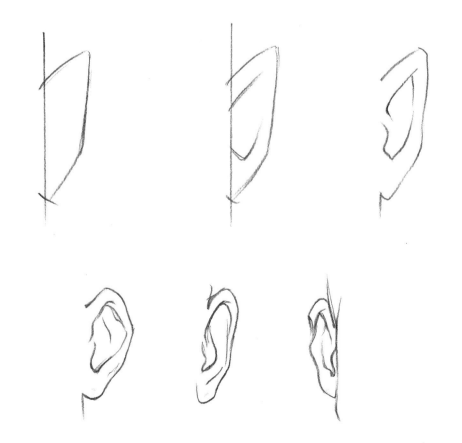

4.嘴的表现

嘴唇是表达模特情感，显露模特个性特征的重要部位。上唇结构和嘴角是嘴的主要特征，可以作为重点表现。一般上唇比下唇略微长、厚一些，稍微向前突出，以体现嘴唇的立体感。嘴部绘画时切忌用笔过多，注意其明暗虚实变化（图2-25、图2-26）。

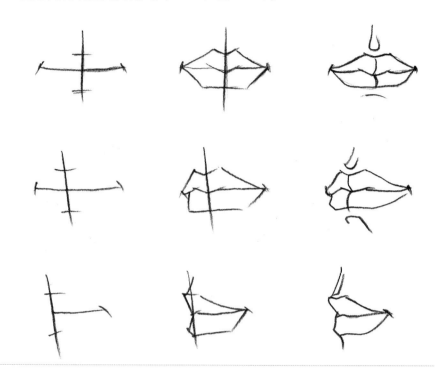

▶ 图2-25 嘴的表现步骤
▼ 图2-26 嘴的表现

5.发型的表现

在时装画的创作过程中，模特发型、发色的再设计对于时尚的传递和表现起着至关重要的作用。发型与脸型、服装的搭配是形成模特整体风格的重要环节。首先勾画出头发的外轮廓，然后针对发型的主要特征，将头发分组，有重点地进行表现。要注意对发际线和发型蓬松程度的刻画，尽量概括地处理整个发型（图2-27、图2-28）。

不同风格的头部综合表现见图2-29～图2-38。

▶ 图 2-27 发型的表现
▼ 图 2-28 发型的简化处理

▲ 图 2-29 头部综合表现 — 五官写生练习（Will Blower 绘）
　图 2-30 头部综合表现 — 侧面五官写生练习（Sean Adams 绘）

▲ 图 2-31 头部综合表现（温馨 绘）
　图 2-32 头部综合表现（Danielle Andrews 绘）

▲ 图 2-33 头部综合表现（Hannah West 绘）
　图 2-34 头部综合表现（Fiona Gourlay 绘）

▲ 图 2-35 头部综合表现（Yeo Jung Park 绘）
　图 2-36 头部综合表现（温馨 绘）

I like that
I'm killing
myself
from
the
inside

▲ 图2-37 头部综合表现（Louise O'keeffe 绘）
▶ 图2-38 头部综合表现 （曾秋寒 绘）

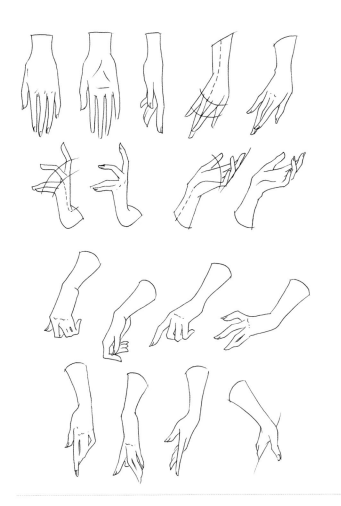

（二）手和脚的表现

人体的手和脚对于整体姿态起衬托作用，手部、脚部的表现要以姿态和结构为主，并以简明、轻快的线迹展示其美感。

1.手和手臂的表现

在表现手部姿态时，应注意手的长度约为颜面长，手掌的长度与中指的长度几乎相同，尺骨、桡骨头是小臂与手掌部的分界线。手部的表情丰富，结构复杂，描绘时重点应放在手的外形和整体姿态上。另外，可以适当夸张指部长度，使其略长于掌部，以表现女性手部的纤细柔美，而男性的手则应表现得强壮、硬挺，并以微妙的细节刻画来表达人物丰富的思想情感（图 2-39）。

另外，手臂和手是一个整体，手的表情要与手臂的姿态相协调。表现手臂时，要注意各部位之间的比例以及对肘关节和腕关节结构的刻画（图 2-40）。

▲ 图 2-39 手的表现
▶ 图 2-40 手臂的表现

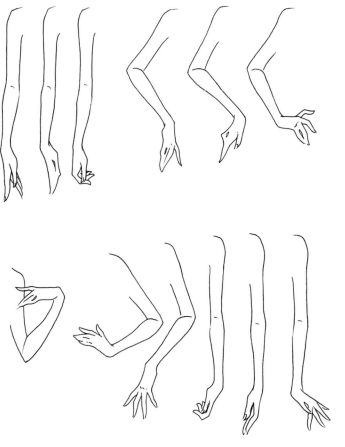

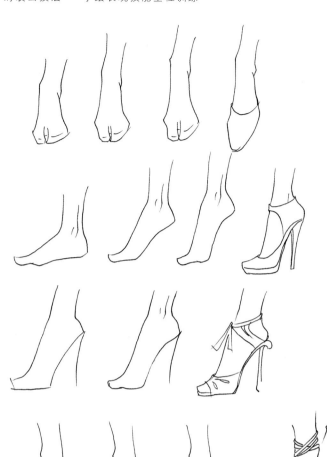

2.脚和鞋的表现

脚部与手部的表现方法类似，是对由脚踝、脚趾、脚掌、脚跟所构成的曲面变化进行描绘。此外，脚的内踝骨比外踝骨高而且大。同时，由于鞋子的样式和鞋跟高低的不同，造成脚的形态在透视中的变形，特别是在行走时，两只脚由于透视的关系，前面的脚会稍大于并低于后面的脚（图2—41）。在图2—42中，有多款时装鞋的画法，留心观察高跟鞋与平跟鞋的不同穿着状态以及鞋的结构细节表现。

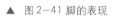

▲ 图2—41 脚的表现
▶ 图2—42 鞋的表现

人体绘画章节绘图：吴栩茵、陈闰荆

第 3 章　着装技巧

V 型　　　　A 型　　　　O 型

H 型　　　　X 型　　　　T 型

一、服装廓形与人体姿态的选择

　　服装廓形就是服装整个外轮廓的形状，是服装设计构思的基础。形态各异的服装廓形变化一般都是以人体作为基础而形成的。实际上人体的肩、胸、腰、臀的起伏正是服装造型变化的依据。如图 3-1 所示，服装的廓形可分为：V 型、A 型、H 型、T 型、O 型和 X 型等，每种廓形之中又有其微妙的结构变化。我们要学会从整体来观察服装、设计服装，并根据服装的轮廓和大形来选择人体姿态，通过时装画尽可能地展示出设计作品的独到之处（图 3-2、图 3-3）。

◀　图 3-1 服装廓形
▼　图 3-2 此图来自 Yohji Yamamoto1987 年秋冬系列的宣传册，以剪影的形式突出表现服装廓形

二、服装的基本结构

一张完整而有实用价值的时装画是对设计概念的完全表达，是设计师用笔思考服装设计和结构关系的过程，这就要求设计师对服装结构和裁剪缝纫工艺比较熟悉并尽可能多地了解。当平面的布料包裹在立体的人体之上时，布料与人体之间会形成一定的空间，为了适合人体体型和款式设计的变化，在需要达到服装合体、局部蓬松或收紧的效果时，可以采用添加省道、褶裥、衣褶等制作方法。图3-4是上半身女子基础原型，原型中通过前后肩省、腰省的设置，将省道的部位缝合，可使平面的衣料呈凹凸起伏的立体状，以贴合人体曲线。

◀ 图3-3 根据服装款式选择模特动态
▼ 图3-4 服装原型

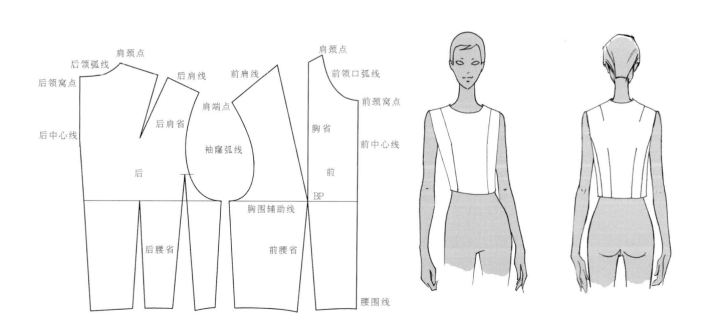

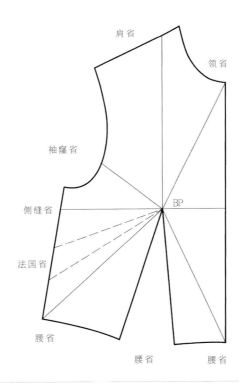

▶ 图 3-5 服装省道位置
▼ 图 3-6 服装省道变化

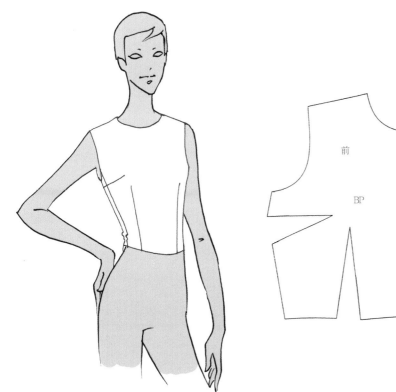

省道是服装造型与结构设计的基础，省道的目的是要使服装合体，省道的位置可以根据设计、材料和花色的不同进行转移。如图 3-5，以胸点为圆心，省道可以向各个方向移动和分散，从而形成了领省、肩省、袖窿省、侧缝省、腰省等省道。如图 3-6，通过省道的转移，将肩省转移到侧缝，完成了新的款式变化。

三、服装和人体的关系

在绘制时装画的过程中，要将人体和服装的关系作为研究的重点，做到通过对人体表面服装的描绘客观地传达真实而准确的人体。这就要求绘画者能够将着装人体抽离出来，先把人体描绘出来，再将服装"穿着"在人体上。当人体着装后，服装与人体之间就会形成一种不断变化的空间关系：有的空间是专门为方便肢体活动而设计的，我们可以称之为基本空间，也有些是款式构造中存在的空间，也就是在基本空间之上的变化空间，如蝙蝠袖、喇叭裤等服装款式，这种服装和人体之间的空间决定着服装的廓形（图 3-7、图 3-8）。

◀ 图3-7 服装与人体的基本空间
▼ 图3-8 服装与人体的变化空间

四、衣纹和衣褶的表现

衣纹是指随着人体的运动，服装表面所产生的褶皱变化。人体的肩、肘、胯、膝等关节突出部位常常成为服装的支撑点。但在人体的其他部位，服装就会随着肢体的运动或是与之贴合或是与之分离，于是在人体四肢的关节部位和胸、腰及臀部就出现了衣纹。衣褶是在人体着装前服装本身所固有的褶皱，它与服装的造型和工艺手段有着直接的关系。我们常见的衣褶一般分活褶和死褶两类。在时装画中，衣纹与衣褶常常是并存的，在用线时要有取舍，适当简化衣纹的表现，以表现服装款式结构为首要任务 (图3-9)。

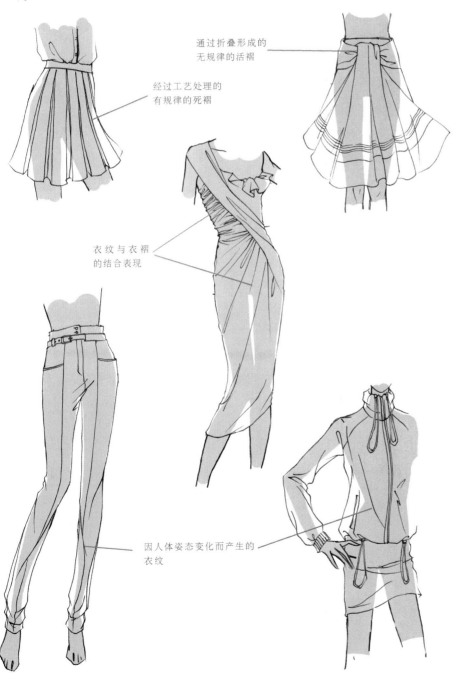

▲ 图 3-9 衣纹和衣褶的表现

通过折叠形成的
无规律的活褶

经过工艺处理的
有规律的死褶

衣纹与衣褶
的结合表现

因人体姿态变化而产生的
衣纹

五、着装

所谓着装，就是给纸面上的人体穿衣服。最常用的方法是在描绘好的人体上直接画出服装款式，完成着装后，再将被服装覆盖的人体部分用橡皮擦净。当然，也可以用拷贝的方法，就是将一张白纸覆盖在已经完成的人体上，然后在白纸上直接画出服装款式。

在给人体着装时，首先应确定服装的受力部位，也就是人体支撑服装的受力点，即服装与人体紧密贴合的位置。上衣一般都以肩部为受力点，裤子与裙子的受力点多集中在腰、臀部位，无肩带的抹胸晚装则以腰部和胸部为受力点。另外随着人体姿态的变化，服装还会因重力的原因而随时产生更多的受力位置。着装时要注意对人体和服装内外贴合与分离的空间的把握，注意对服装的整体造型与外轮廓的描绘以及对服装的体积感和长度比例的表现，不要将注意力过多地集中在褶皱等细节上，要尽可能地归纳整理，力求线条的简洁流畅。

（一）上装

画上装时，首先要确定人体躯干部分中心线的位置，依据中心线画出领子（或领口）和前门襟位置，以便在描绘其他部位时可用来进行参照和调整，然后依次勾画衣身、袖子和款式结构细节。

1. 领口

领口是上装设计的重点部位。大部分的衣领是贴合人体颈部而左右对称的，绘画时从后面画起，要注意通过中心线的位置把握领口的透视关系。领口弧线决定着领子的位置和表情，因此还要注意领子造型和领口弧线的协调统一，当然画领子时还要注意其自身形状和比例的变化（图3-10）。

2. 前门襟

门襟大多处于服装的前中心线位置，是服装设计的重点结构之一。服装画中，门襟是表现服装立体效果的关键部位，无论人体处于何种动态，服装前门襟的位置与表情总是与人体的中心线保持一致。对于半侧面的人物动态，还要特别注意对胸部门襟处起伏变化的描绘，从而表现出服装穿着的自然状态。另外，当服装的门襟被打开时，要结合中心线和人体动态调整左右门襟的动势变化，此时门襟与中心线不再一致。

3. 肩与袖

肩线要根据服装的款式与厚度加以变化。同样的款式，面料越厚重，肩线与人体之间的距离越大。只要不是全身紧贴的衣服，就可以给服装和人体之间留出空间。画衣袖时有两个重点：其一是对袖形的准确描绘，袖窿和袖口是袖形变化的关键部位，例如西装袖、插肩袖、连肩袖等袖形产生于袖窿的变化，袖口的变化又会产生灯笼袖、喇叭袖、紧口袖等袖形演变；其二是要注意表现出手臂圆柱体的立体感，同时利用褶皱表现出服装穿着后的立体效果。肘关节处的褶皱处理是袖子结构表现的重点，袖口部位的透视效果可以加强袖子的立体表现（图3-11～图3-16）。

◀ 图3-10 领型变化
（刘丹妮 绘）

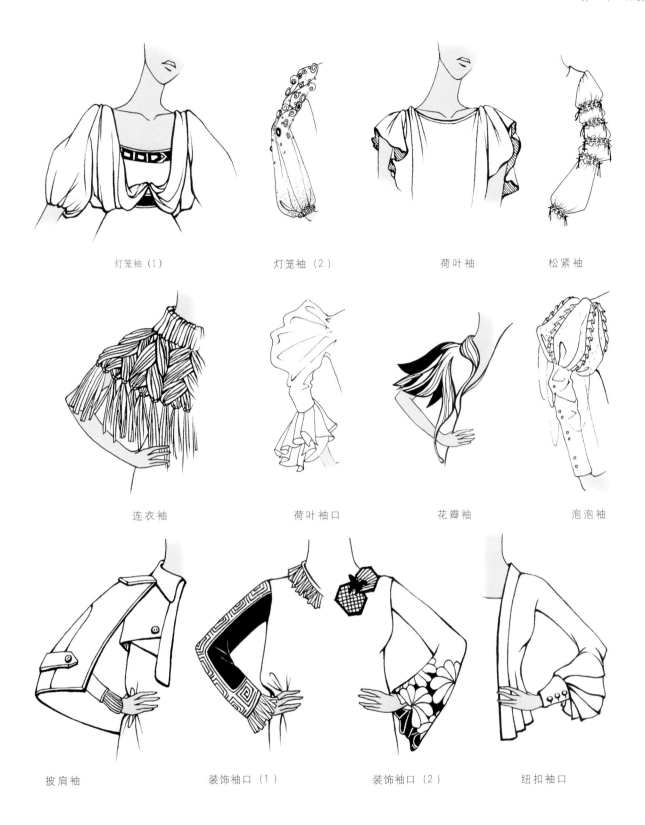

灯笼袖（1）　　　　灯笼袖（2）　　　　荷叶袖　　　　松紧袖

连衣袖　　　　荷叶袖口　　　　花瓣袖　　　　泡泡袖

披肩袖　　　　装饰袖口（1）　　　　装饰袖口（2）　　　　纽扣袖口

▲　图 3-11 袖子的造型变化（刘丹妮　绘）

单排扣服装纽扣的位置
正好在人体的中心线
上，注意门襟处左右衣
片重叠量的表现

在3/4侧面中，侧缝线
清晰地显露出来，注意
左右公主线的表情变化

腰带处要紧贴人体，
注意其透视变化以及
腰带上下产生的衣褶

▲ 图3-12 西装与夹克

针织衫的特点就是柔软
而易变形，所以要少用
直线，线条要平滑圆润

即使手臂伸得很直，它还是
会稍微向前弯曲一点，袖肘
处会有褶皱出现，同时袖口
也会产生透视变化

由于重力的原因，柔软的针织衫
贴在抬起的手臂上

因重力原因产生的自
然垂褶

▲ 图 3-13 针织

注意后领口弧线的透视与衔接，必要时可以借助辅助线来帮助确定位置

微弧的袖窿细节表现躯干和手臂的立体效果

只要不是弹力面料或全身紧贴的衣服，即使是收身款，也要在腰部留出一定的空间

▲ 图3-14 衬衫

冬季的棉外套，因为服装材料本身的厚度和穿着的需要，服装和人体之间会有很大的空间

人体的肩、肘、胯、膝等关节突出部位常常成为服装的支撑点，也容易产生大量的褶皱，表现时用线要准确而肯定，在两个支撑点之间出现的衣褶要相对放松处理

▲ 图3—15 棉服

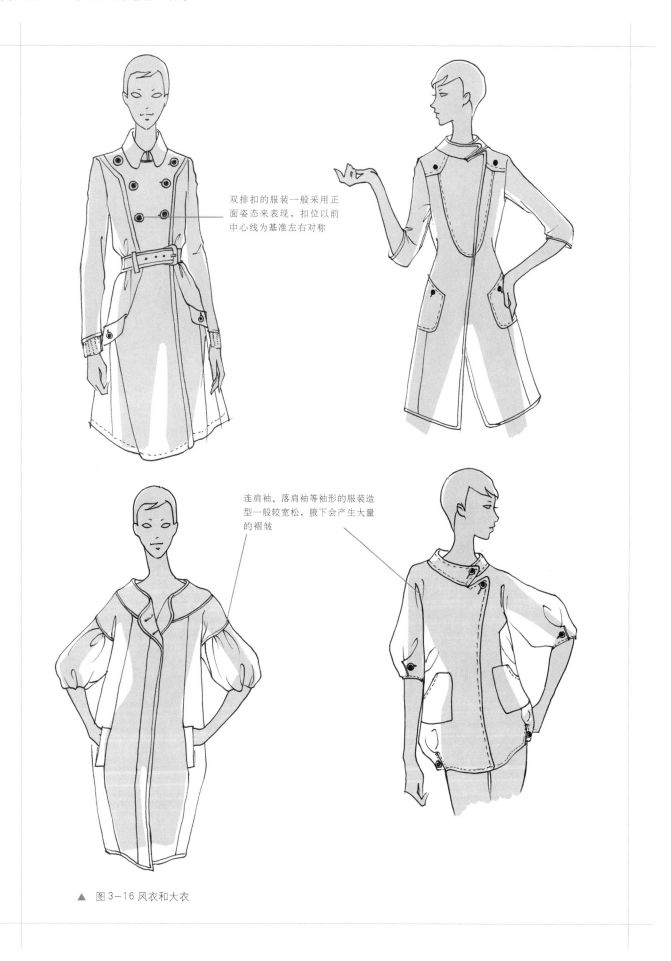

双排扣的服装一般采用正面姿态来表现，扣位以前中心线为基准左右对称

连肩袖、落肩袖等袖形的服装造型一般较宽松，腋下会产生大量的褶皱

▲ 图3-16 风衣和大衣

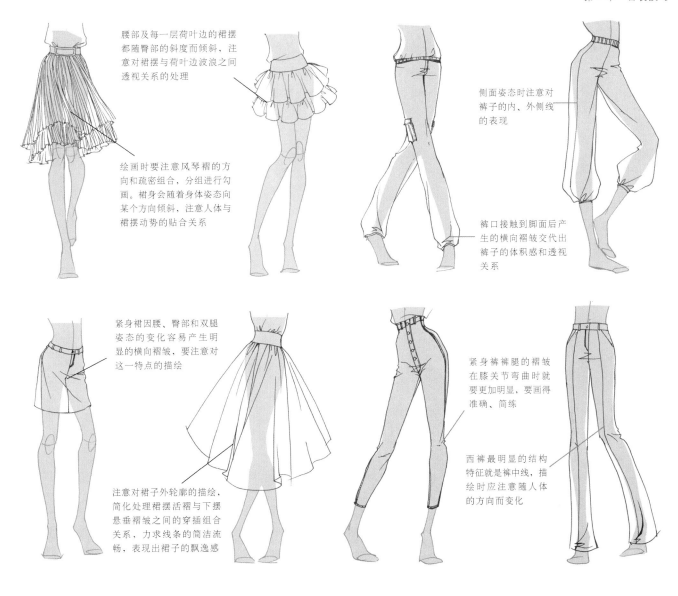

腰部及每一层荷叶边的裙摆都随臀部的斜度而倾斜，注意对裙摆与荷叶边波浪之间透视关系的处理

绘画时要注意风琴褶的方向和疏密组合，分组进行勾画。裙身会随着身体姿态向某个方向倾斜，注意人体与裙摆动势的贴合关系

侧面姿态时注意对裤子的内、外侧线的表现

裤口接触到脚面后产生的横向褶皱交代出裤子的体积感和透视关系

紧身裙因腰、臀部和双腿姿态的变化容易产生明显的横向褶皱，要注意对这一特点的描绘

注意对裙子外轮廓的描绘，简化处理裙摆活褶与下摆悬垂褶皱之间的穿插组合关系，力求线条的简洁流畅，表现出裙子的飘逸感

紧身裤裤腿的褶皱在膝关节弯曲时就要更加明显，要画得准确、简练

西裤最明显的结构特征就是裤中线，描绘时应注意随人体的方向而变化

▲ 图 3-17 裙子
图 3-18 裤子

（二）裙子

　　从裙腰到裙摆构成裙子基本的筒形造型，而裙子的造型又因裙形、裙长的不同而产生多种变化，如长度不同的超短裙、及膝裙、长裙，造型不同的紧身裙、A 型裙、鱼尾裙等。刻画裙子时，先要根据臀部姿态勾画出裙腰和裙摆的倾斜角度，注意从裙腰到裙摆线之间的倾斜度要保持一致。同时，要注意不同材质裙子的省道或打褶工艺对裙形产生的变化以及不同姿态下裙子和人体腰、臀部的空间关系，准确表现裙子的自然造型（图 3-17）。

（三）裤子

　　裤子造型以腰部为受力点，因臀部和裤腿的长短松紧变化而产生直筒裤、锥形裤、喇叭裤、宽松裤等多种造型变化。裤子的外造型和着装后人体腰、臀、膝盖部位的褶皱结构变化是练习的重点（图 3-18）。

六、着装绘画练习

（一）速写

观察真实的或照片中的模特并进行速写练习。速写要求绘画者具备在短时间内迅速捕捉人物动态和绘画重点的能力，这是训练观察力和记忆力的好方法。反复的速写练习可以提高绘画者对于人体比例和运动规律的认识和把握能力，加深对服装和人体关系的理解（图3-19~图3-24）。

▼ 图3-19 速写（罗宇豪 绘）
　图3-20 速写（李文斯 绘）

▲ 图 3-21 速写（罗宇豪 绘）
▶ 图 3-22 速写（王楠 绘）

◀ 图3-23 速写（张乐暄 绘）
▼ 图3-24 速写（王楠 绘）

（二）参考照片绘图

这是一种具有探讨性、研究性的绘画练习过程。时装照片传递出丰富的流行资讯，在照片挑选和临摹的过程中潜移默化地影响着自己对时尚的品味。首先勾画出服装内的人体，可以不必忠实于照片，在保持身体各部位比例平衡的前提下对写生人体的颈部和四肢进行适当的艺术夸张。然后将图片中的衣服穿上，体会人体与服装的相互关系，还可以选择不同的服装穿在这个人体动态上，进行反复训练（图3-25、图3-26）。

▲ 图 3-25-1 照片(1)
▶ 图 3-25-2 根据照片绘制的效果图(2)

▲ 图 3-26-1 照片(1)
▶ 图 3-26-2 根据照片绘制的效果图(2)

七、服饰配件的表现

在时装画的创作中，对服饰配件的设计与表达可以为画面营造出强烈的时尚氛围，而服饰配件的巧妙设计可以使服装的整体风格更加突出。服饰配件一般包括帽子、围巾、首饰、腰带、眼镜、包、鞋子等，在表现时要注意对其基本形状的描绘，可以摒弃结构中的细小变化，力求简洁概括，同时要注意配饰随人体动态所产生的透视变化（图3-27～图3-33）。

▲ 图3-27 围巾的表现
◀ 图3-28 帽子的表现

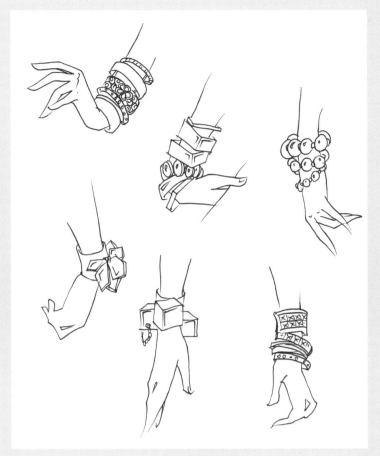

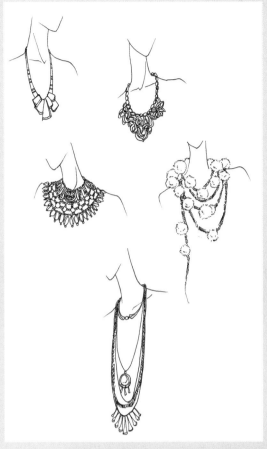

▲ 图 3-29、图 3-30 首饰的表现
◀ 图 3-31 眼镜的表现

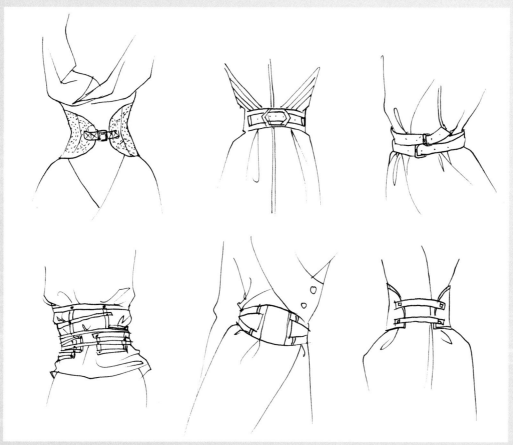

▲ 图3-32 包的表现
　图3-33 腰带的表现

着装技巧章节绘图：吴栩茵、陈闰荆

第 ④ 章　手绘时装画表现技法

一、关于色彩

由于视觉传达先后的不同，通常人们在观察服装时，首先看到的是衣服的颜色，因此色彩往往是服装引起人们关注的首要因素。对于设计师来讲，了解色彩的基本理论以及色彩产生与调和的原理是十分重要的，色彩通常是服装系列设计的起点，并且控制着整体设计的基调。

（一）色彩的属性

1. 无彩色与有彩色

色彩大致可划分为无彩色与有彩色两大类。黑色、白色和深浅不同的各种灰色属于无彩色，从物理学角度上看，它们不包括在可见光谱中，不能被称为色彩。但在心理学上它们持有完整的色彩性质，在色彩体系中扮演着重要角色。

光谱中的全部颜色都属于有彩色。有彩色以红、橙、黄、绿、青、蓝、紫为基本色，基本色之间不同量的混合以及基本色与黑、白、灰色不同量的混合，产生出成千上万种有彩色（图4-1）。

2. 色彩的三属性

（1）色相：即色彩的相貌，它既是区分色彩的主要依据，又是色彩的最大特征。

（2）明度：是指一个颜色的明暗程度，也可以称为色彩的亮度、深浅。

（3）纯度：是指色彩的鲜、浊程度，色相感越清晰明确，其色彩纯度越高，反之则纯度越低，无彩色没有色相，故纯度为零（图4-2）。

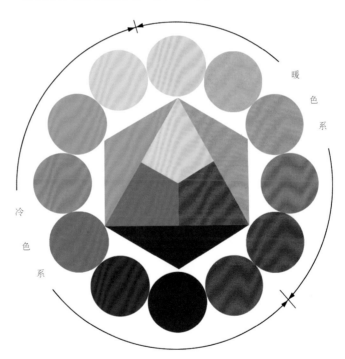

▲　图4-1 色相环

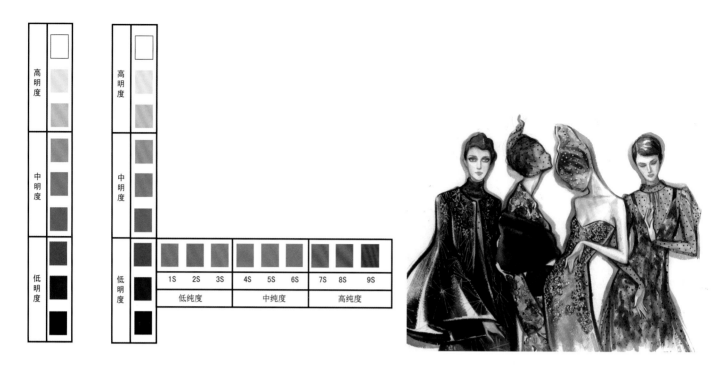

1S	2S	3S	4S	5S	6S	7S	8S	9S
低纯度			中纯度			高纯度		

（二）色彩的运用

　　色彩在服装画中的运用有它自身的特点，画面中的色彩主要是表现服装面料真实的颜色以及服装的色彩搭配与组合。应当注意的是，同一种颜色在不同质感的面料上所传达出的感情是完全不同的，设色时要有意识地对其进行表达。服装画中的色彩组合规律一般是遵循服装色彩设计的原理，绘画者应真实而客观地反映服装的色彩关系。对于色彩性格的调和，面积比例和位置关系，内外衣、上下装色彩的关联性以及色彩的点缀强调等美学原理要系统学习、理解并应用。总之，时装画中的色彩应体现设计师自己的理念与风格。下面列举几种常见的配色形式：

　　（1）明度配色：明度配色是指服装中不同明暗程度的色彩配置，它决定了服装色彩中的明度调子。例如高调（浅色调），中调和低调（黑而暗的色调）（图4-3）。

　　（2）色相配色：色相配色中的强弱关系主要取决于色彩在色相环上的位置。主要包括同类色、邻近色、对比色这三种配色形式（图4-4、图4-5）。

　　（3）纯度配色：纯度配色细腻而丰富，高纯度的色彩搭配鲜明而强烈，低纯度的色彩组合朴素而含蓄（图4-6、图4-7）。

▲ 图4-2 色彩的属性
　图4-3 明度配色—中低明度的色彩搭配（温馨 绘）
　图4-4 色相配色—同类色与对比色（Mirabelle Taylor 绘）

▲ 图 4－5 色相配色－ 同种色（伦敦时装学院作品）
　图 4－6 纯度配色－ 低纯度的色彩搭配（温馨　绘）
◄ 图 4－7 纯度配色－ 高纯度的色彩搭配（温馨　绘）

二、织物绘画

对于一件服装设计作品而言，面料的设计与选择是决定整个设计成败的重要因素，了解并掌握不同织物的特性和品质是十分必要的。

（一）常用面料图案表现

面料上的图案与花型数不胜数，通常图案是在面料上大面积循环出现的，也可以是单独纹样，作为服装的设计重点而独立存在，应熟练掌握几种图案的基本类型和画法。

时装画中，绘制图案的程序是基本相仿的，先平涂面料底色，随后根据服装结构加暗面阴影色，最后按照服装的透视和图案的走向逐层勾画图案。对于色彩丰富、形态复杂的图案，我们一般只是将图案的位置、基本形状和色彩比例的大效果表现出来，刻画时要努力把握面料的整体效果，适当舍弃琐碎的细节。常用的颜料是水彩和水粉色，并以彩色铅笔或勾线笔提亮或描绘细部（图4-8）。

在表现带有花纹图案的服装时，因人体胸部、腹部、臀部和四肢的凹凸透视变化，服装的图案也会随之而产生变形。当服装出现褶皱等肌理变化时，这种图案的变形随着透视变化的加大而更加明显，刻画时要努力把握面料图案与服装整体效果的和谐统一（图4-9条纹图案绘制、图4-10格纹图案绘制、图4-11动物毛皮图案绘制）。

▲ 图4-8 面料图案写生

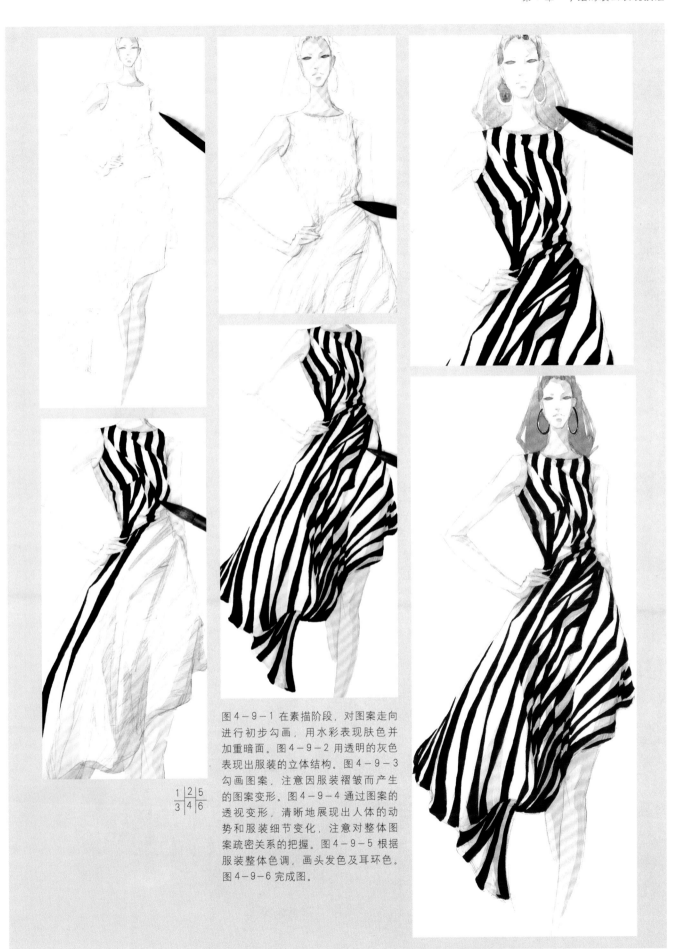

$$\begin{array}{c|c|c} 1 & 2 & 5 \\ \hline 3 & 4 & 6 \end{array}$$

图4-9-1 在素描阶段，对图案走向进行初步勾画，用水彩表现肤色并加重暗面。图4-9-2 用透明的灰色表现出服装的立体结构。图4-9-3 勾画图案，注意因服装褶皱而产生的图案变形。图4-9-4 通过图案的透视变形，清晰地展现出人体的动势和服装细节变化，注意对整体图案疏密关系的把握。图4-9-5 根据服装整体色调，画头发色及耳环色。图4-9-6 完成图。

$\frac{1|2|3}{4|5}$

图4-10-1用铅笔勾画出格子图案的位置和走向，用水彩表现肤色。图4-10-2用水粉颜料平涂服装底色，在服装边缘处可少量留白。图4-10-3加深颜色强调衣褶的明暗对比。图4-10-4用水溶性彩色铅笔描绘格子图案，注意图案的透视变化和虚实关系。图4-10-5完成对服装的整体着色。

图 4−10−6 在格子上用细勾线笔绘制图案斜纹肌理。图 4−10−7 用软头墨水笔勾线，并刻画细部。图 4−10−8 用彩色铅笔勾画阴影。图 4−10−9 在服装领子、前门襟等受光部位用白色提亮。图 4−10−10 完成图。

1	2	3
4	6	
5		

图4-11-1首先用水彩涂肤色和服装底色，适当在高光处留白。图4-11-2按照服装结构和衣纹规律描绘阴影。图4-11-3刻画豹纹图案，注意对图案疏密和明暗关系的把握。图4-11-4头部细节刻画。图4-11-5 T恤图案的写意处理。图4-11-6局部勾线与细节刻画，进一步加强明暗对比。

▲ 图 4—11—7 完成图

（二）常用面料质感与工艺细节表现

写生是学习面料质感与工艺表现的重要途径，根据真实的面料和服装，选择适合的表现工具对其进行写生，逐渐掌握多种表现技巧。打褶、蕾丝刺绣、填充绗缝等都是服装设计中常用的工艺方法，掌握这些制作工艺的表现方法对于时装画的创作是十分重要的，它为服装制板和生产提供了帮助，也提升了画面的专业性（图4-12）。

1.针织类

针织物由相互穿套的纱线线圈构成，具有一般织物没有的伸缩性和悬垂感。在画针织衣物时，主要应注意其自身的纹理变化，肌理感强的棒针手编织物、精细而柔软的羊绒织物、透气而舒适的棉毛混纺针织物都要用不同的技法来表现。除了因纱线粗细不同而产生的肌理变化外，表现重点还应集中在针织物特有的针法变化上，如罗纹、钩花、拧花等织纹效果的表现。

表现细针织物时，多使用淡彩技法，一般在暗面简略地表现针织服装的纹理就有真实的效果了。表现网状结构和粗针织物时，可以先用蜡笔画出编织图案，再用水彩或水粉色平涂在上面，适当留出飞白，表现其蓬松、毛绒的质感（图4-13细针织物绘制和钩花织物绘制、图4-14粗针织物绘制）。

▶ 图4-12 面料质感与工艺写生

```
1 2 3 4
5   6
```

图 4-13-1 用淡彩平涂针织底色，在亮面轮廓线处少量留白。图 4-13-2 用加深的淡彩简略地在阴影部分概括画出针织罗纹的肌理。图 4-13-3 对于网状的钩花针织物，只要在暗面将针织图案的基本花型、色调表现出来就可以了，要把握画面整体效果和针织图案的透视变形。图 4-13-4 平涂袖子和围巾部分，用简略的笔触在暗面画出针织纹理。图 4-13-5 完成头部表现，用彩色铅笔勾画阴影和外轮廓线，用线要圆润，以突出针织服装柔软的质地。图 4-13-6 完成图。

1	2	3
4		
5		6

图4-14-1先用油画棒画出所需要的纹理图案,一般画在针织服装的受光部分。图4-14-2用适量的清水润湿毛衣部分,趁纸张半干时涂毛衣底色,按衣纹方向运笔,晕染开的颜色恰当地表现出粗针织的厚度和柔软的质感。图4-14-3加深颜色强调衣褶的明暗和粗针织的凹凸肌理,画出裤子的颜色。图4-14-4刻画面部和头部细节。图4-14-5用干笔勾画出圆润而不规则的线条,突出粗针织的特点。图4-14-6完成图。

2.薄纱类

薄纱类面料分为软、硬两种，在用线时要有所区分。描绘薄纱时笔触要轻，多选用水彩，避免过于厚重的颜料和色调。应注意对薄纱"透明感"的表现，一般先画好人体皮肤色和被纱包裹住的部分颜色，再在纱的部分薄薄地涂上颜色，并通过淡彩的反复叠加表现出多层次的透明感，最后勾画轮廓和细节（图4—15硬纱织物表现、图4—16软纱织物表现）。

1	2	3
4		6
5		

图4—15—1 这是一款硬纱裙，先用水彩表现肤色，把硬纱遮挡住的皮肤部分用浅一些的肤色画出来。图4—15—2 用水彩平涂硬纱色，运笔流畅，在褶皱处适当留出飞白。图4—15—3 用加深的水彩色强调衣褶的明暗对比，注意笔触的方向变化。图4—15—4 用彩色铅笔进一步勾画服装的结构和影调。图4—15—5 用0.3号的绘图笔勾线，用线时注意控制疏密节奏，展现硬纱薄脆的质感，底摆要表现出层次感。图4—15—6 完成图。

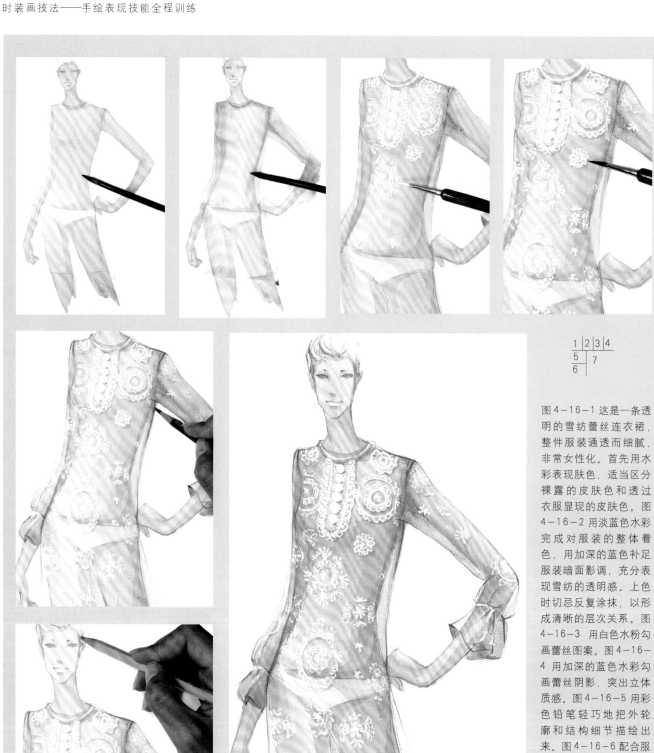

图4-16-1 这是一条透明的雪纺蕾丝连衣裙，整件服装通透而细腻，非常女性化。首先用水彩表现肤色，适当区分裸露的皮肤色和透过衣服显现的皮肤色。图4-16-2 用淡蓝色水彩完成对服装的整体着色，用加深的蓝色补足服装暗面影调，充分表现雪纺的透明感。上色时切忌反复涂抹，以形成清晰的层次关系。图4-16-3 用白色水粉勾画蕾丝图案。图4-16-4 用加深的蓝色水彩勾画蕾丝阴影，突出立体质感。图4-16-5 用彩色铅笔轻巧地把外轮廓和结构细节描绘出来。图4-16-6 配合服装的色调，用彩色铅笔淡淡地描绘头部和五官。图4-16-7 完成图。

3.丝绸类

　　丝绸面料质感滑爽，有柔和的光泽和良好的悬垂性，如亮缎、绉缎、绢纺、绸等织物。调色时适当增加水份，颜料要相对饱和，笔触圆润而丰满，用笔方向要顺着服装结构的走向，切忌反复涂抹。画面应表现出丝绸轻盈飘逸、顺滑柔软的独特质感（图4-17）。

图4-17-1用水彩表现肤色并加重暗面。图4-17-2画笔上饱蘸颜料，平涂基本的底色，裙摆褶皱处可以留出高光。图4-17-3调深颜色，以柔和的笔触画出服装明暗变化。图4-17-4进一步强调褶皱的阴影部分，表现出丝绸顺滑的光泽。图4-17-5完成头部细节，用彩色铅笔局部勾线。图4-17-6完成图。

4.塔夫绸

塔夫绸一类的面料,质地较脆硬,表面光泽明显。表现时应加强服装的明暗对比,并适当在高光处留白,以表现其独特的质感(图4-18)。

3	1 2
4	5

图4-18-1 这是一条黑色的塔夫绸小礼服,在正稿上用铅笔淡淡地勾画出衣褶的位置和走向,用水彩表现肤色并加重暗面。图4-18-2 画笔蘸色要饱和,注意笔触不同的方向变化,根据服装结构在衣服的高光处留出飞白。图4-18-3 完成对服装的整体着色,刻画头部细节。图4-18-4 用软头签字笔勾线,线条要挺拔、准确而流畅,充分表现塔夫绸独特的质感。图4-18-5 完成图。

5.棉布与牛仔类

棉布柔软而透气，表面无光泽，易产生褶皱，给人质朴而内敛的感受。表现时多以平涂手法，忽略阴影和高光，着重对服装结构和棉布固有色彩花型的描绘。

传统的牛仔面料以棉质蓝色斜纹布为主，质地厚而硬挺，经过水洗、石磨等工艺处理，产生独特的色彩和质感变化，风格粗犷。这种特有的水洗效果和缉明线工艺是牛仔类服装最显著的两大特征，需要多花些时间练习，掌握这些细节的表现技巧。一般先以深色水彩或水粉颜料平涂底色，再用彩色铅笔表现斜纹和石磨的斑驳效果（图4-19牛仔布表现、图4-20棉布表现）。

```
1 2 3 4
5   7
6
```

图4-19-1 这里要表现的是一套带有装饰物的牛仔服。首先以水彩钴蓝色加少量黑色平涂牛仔布底色，水彩的沉淀和微妙的水印变化自然地展现出牛仔水洗后的磨旧效果。图4-19-2 用加深的蓝黑色表现服装的阴影和结构。图4-19-3 用黑色勾画胸前的刺绣装饰。图4-19-4 平涂头发以及裙子的底色，完成画面整体着色，待干。图4-19-5 用蓝和灰白色彩铅提亮服装的受光面，特别是领子、门襟等细节部位。用白色水粉表现装饰物的高光。图4-19-6 以灰紫色彩铅勾线，体现牛仔面料的粗犷风格。图4-19-7 刻画头部细节，完成图。

	1	2	3
4			6
5			

图4-20-1 在铅笔稿上淡淡地勾画出裙子的结构和褶皱，给皮肤着色。图4-20-2 大面积平涂棉布裙底色，画笔颜色要饱和，平涂要均匀润泽，避免出现飞白和笔触衔接的痕迹。图4-20-3 加深红色勾画衣褶明暗关系。图4-20-4 用酱红色强调局部褶皱的立体效果。图4-20-5 用彩色铅笔勾线，表现出棉布挺括而质朴的特质。图4-20-6 完成图。

6. 皮草类

　　不同品种的皮草其外观差异很大，根据皮草针毛和绒毛的长短可以大致分为长毛（如狐狸毛、貉子毛）和中短毛（水貂毛、獭兔毛等）两类。绘画时，先用清水润湿画面皮草部分，在皮草外轮廓线处要多润湿一些，趁纸张还未干时，按照服装结构和毛皮的走向涂上影调，颜色一接触到潮湿的画纸就晕染开来，正好表现出皮草柔软毛绒的质感。表现不同种类的皮草，除了要注意水份的把握和晕染的范围外，还可以辅助使用彩色铅笔等绘画工具加强毛峰和绒毛的表现（图 4-21 水貂皮表现、图 4-22 狐狸毛表现）。

	1	2	3
	5		4

图 4-21-1 这是一款黑白水貂拼花外套，既要表现毛皮的质感，又要把精巧的拼花图案展现出来。先用淡淡的灰色涂上服装的影调，画出服装基本结构和明暗关系。图 4-21-2 用清水湿润画面，在清水近半干时着色，颜色边缘渗透力减弱，易于表现精致的短毛水貂质感。用纸巾吸掉多余的水份，使颜色变浅，显得柔和自然。图 4-21-3 勾画图案时，注意笔触形态的变化。趁画面未干时，可以在需要强调的地方略加重色彩。图 4-21-4 用黑色水粉完成对服装的整体着色。图 4-21-5 完成图。

1	4	5
2	6	
3	7	

图4-22-1 绘制肤色，然后将整个画面涂上清水，调好大红底色。图4-22-2同时，在另一张草稿纸上也涂上清水，先在草稿纸上试笔，并观察色彩的晕染变化。图4-22-3 选择合适的时机在正稿上画皮草的底色，前一笔色彩未干时应马上衔接下一笔，注意笔触形态的变化，色彩晕渗自然。图4-22-4 在底色还未完全干时，用毛笔局部勾画狐狸的针毛。图4-22-5 用小圭笔画出皮草毛峰的层次和阴影部分，注意线条的走向和疏密关系。图4-22-6 用彩色铅笔再次强调阴影和针毛，使画面效果更加逼真。图4-22-7 用棕红色简洁地勾画头发和五官。

▲ 图 4-22-8 完成图

7.皮革类

常见的羊皮、牛皮，表面光滑柔软而富有弹性，经过处理的磨砂皮则细腻而没有光泽。绘画时，可以采用薄厚两种画法进行表现。对于光亮的皮革，可以先湿润画面，用饱蘸颜料的画笔在未干的画纸上着色，同时在褶皱的突出部位留出空白高光，巧妙地表现皮革的光泽。对于磨砂皮则可以先用水粉平涂底色，再以调好的亮色提出亮面高光（图4-23羊皮表现、图4-24漆皮表现）。

1	2	3
	6	4
		5

图4-23-1调和水粉黑色，用厚画法按照衣纹规律平铺底色，在服装结构线和高光处留白。图4-23-2用清水调黑色在第一遍留白处晕染淡黑色，使高光过渡自然。图4-23-3用灰色彩铅绘制皮革纹理，注意图案的虚实对比。图4-23-4细节调整，用浅灰色彩铅柔和高光部分，提亮结构线。图4-23-5用软头签字笔勾线，完成头部处理。图4-23-6完成图。

1	2	3	4
5			8
6			
7			

图4-24-1 在铅笔稿上用水彩涂皮克夹克底色，并根据衣褶走向直接留出高光。图4-24-2 以透明的水彩平涂其余部分底色。图4-24-3 以水粉刻画服装细节影调。图4-24-4 刻画面部，嘴唇处留出高光。图4-24-5 用水粉颜料局部刻画围巾图案，刻画中要注意图案和前后层次关系的虚实结合。图4-24-6 用彩色铅笔加强阴影处理，强化漆皮的反光质感。图4-24-7 用深褐色彩铅勾线，注意线条要硬朗干脆，虚实结合。图4-24-8 完成图。

8.粗纺花呢类

粗纺织物布纹肌理比较明显，质地厚实粗糙，有薄厚两种表现技法，分别以水彩和水粉为主要颜料。先平涂单色作为底色，再画出明暗关系，最后刻画肌理或图案。可选用刷子、海绵等特殊工具进行按压而形成肌理；也可以用水粉颜料、彩色铅笔、油画棒等工具结合表现图案（图4-25、图4-26）。

```
  1 | 2
  --+--
 5 | 3
7 +--+--
  | 4
  6
```

图4-25 薄画法。图4-25-1以透明的水彩平涂面料底色，加深颜色画出服装的阴影。图4-25-2绘制帽子、手套以及内搭服装。图4-25-3用蘸了颜色的干毛笔在画上涂擦出面料的肌理效果。图4-25-4用深浅两色表现粗纺花呢凹凸的肌理层次。图4-25-5用软头墨水笔勾线。图4-25-6刻画面部和头部细节。图4-25-7完成图。

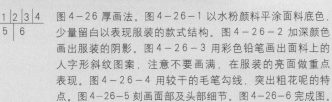

1	2	3	4
5		6	

图 4-26 厚画法。图 4-26-1 以水粉颜料平涂面料底色，少量留白以表现服装的款式结构。图 4-26-2 加深颜色画出服装的阴影。图 4-26-3 用彩色铅笔画出面料上的人字形斜纹图案，注意不要画满，在服装的亮面做重点表现。图 4-26-4 用较干的毛笔勾线，突出粗花呢的特点。图 4-26-5 刻画面部及头部细节。图 4-26-6 完成图。

9.填充绗缝工艺

　　经过填充绗缝处理的面料,因填充物的不同,会出现不同程度的凹凸状态,其中以羽绒服装最为典型。表现时要抓住这一特点,注意透视变化和绗缝服装的整体效果(图4-27羽绒服表现、图4-28绗缝工艺表现)。

1	2	3	4
7		6	5

图4-27-1在铅笔稿时大体描绘出绗缝的位置,用水彩表现肤色并加重暗面。图4-27-2在领口用清水铺底,自然晕染出黑色蓝狐毛领。图4-27-3渲染羽绒服底色,在绗缝线处适当留出飞白。图4-27-4调深紫色,刻画暗部及阴影部分。图4-27-5进一步加深羽绒服绗缝线部分的阴影颜色,突出其立体感。图4-27-6用彩色铅笔完成面部细节,适当画出毛领的针毛效果。图4-27-7完成图。

```
3 │1│2
  ┼──
4 │ 6
5
```

图4-28-1用淡绿色水彩渲染服装底色。图4-28-2用较深的绿色画出服装结构影调，然后画出绗缝格子斜方向的暗面，注意虚实的结合。图4-28-3用深绿色彩铅准确地描绘出绗缝线迹，配合明线适当强调其服装结构。图4-28-4配合画面整体色调，简化处理头部。图4-28-5彩色铅笔勾线，表现出绗缝的质感。图4-28-6完成图。

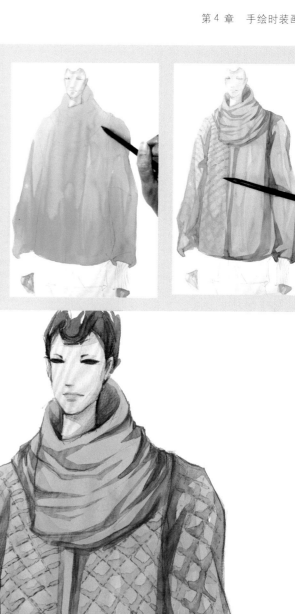

10.打褶工艺

褶皱工艺种类很多，同一种工艺使用在不同的面料上会产生不同的造型特点，所以要结合材质和褶皱的类型综合表现。另外，要注意区别因人体动态而产生的衣纹褶和服装自身褶皱工艺的效果，省略不必要的衣纹，尽量清晰地展现工艺细节（图4-29）。

1	2	
4		3

图4-29-1 在正稿上，对礼服褶皱的结构进行初步勾画，用淡绿色的水彩涂底色，笔触的走向应该顺着褶皱的方向，在褶皱的缝隙留出飞白。图4-29-2 加深绿色，画出褶皱的明暗对比。图4-29-3 根据画面整体需要，再一次强调裙摆的影调，突出褶皱的肌理。图4-29-4 完成头部刻画，用0.3号的绘图笔整体勾线。用线要轻而飘，注意控制疏密节奏以及对褶皱边缘形状的描绘。

▲ 图4-29-5 完成图

11.蕾丝刺绣工艺

蕾丝精致而繁复,表现上具有一定的难度。既要展现蕾丝的花型与质感,又要考虑画面的整体效果。绘制时一般是将蕾丝与刺绣的位置、大体的纹样结构和色调表现出来就可以了,可以局部强调蕾丝的立体效果,注意虚实结合和前后层次关系的表现(图4-30 蕾丝工艺厚画法、图4-31 蕾丝工艺薄画法)。

$$\frac{1}{6} \begin{array}{|c|c|} 2 & 3 \\ \hline & 4 \\ \hline & 5 \end{array}$$

图4-30-1 在素描阶段,预先考虑好透明蕾丝的位置,画出肤色。图4-30-2 用淡彩渲染底色,高光处适当留出飞白。图4-30-3 按衣褶规律勾画阴影,用纸巾吸收多余水份,让笔触柔和自然。图4-30-4 用白色水粉勾画蕾丝,注意图案整体的疏密和虚实变化。图4-30-5 细节的调整,用加深的水彩色勾画蕾丝暗面,并画出网纱的质感。图4-30-6 用彩色铅笔勾线,并再次强调蕾丝肌理的凹凸变化。

▲ 图 4-30-7 完成头部细节处理

▶ 图 4-30-8 完成图

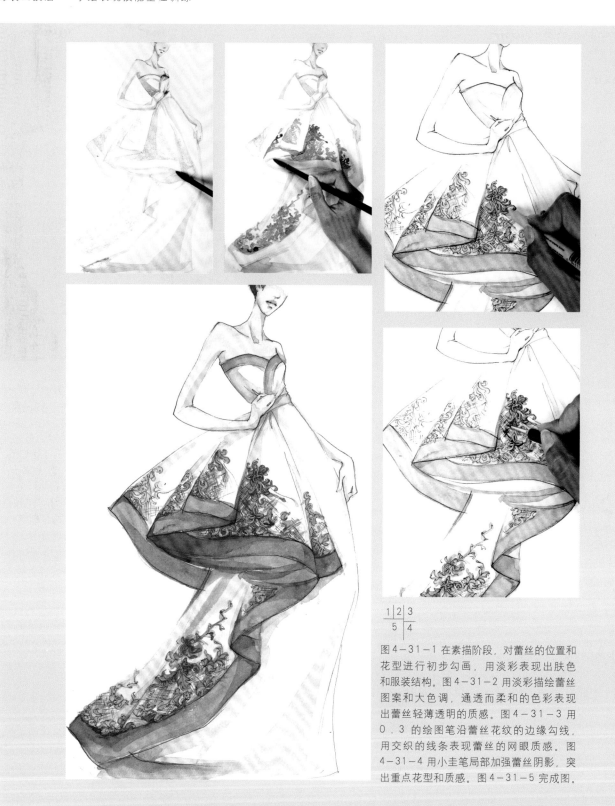

$$\frac{1 \; | \; 2 \; | \; 3}{5 \; | \; 4}$$

图4-31-1在素描阶段，对蕾丝的位置和花型进行初步勾画，用淡彩表现出肤色和服装结构。图4-31-2用淡彩描绘蕾丝图案和大色调，通透而柔和的色彩表现出蕾丝轻薄透明的质感。图4-31-3用0.3的绘图笔沿蕾丝花纹的边缘勾线，用交织的线条表现蕾丝的网眼质感。图4-31-4用小圭笔局部加强蕾丝阴影，突出重点花型和质感。图4-31-5完成图。

织物绘画绘图：吴栩茵

三、时装画基础表现技法

（一）线的表现技法

线是东方传统艺术造型的重要表现方法，它的表现手法非常丰富，不仅可以描绘物体的结构与形态，而且能够充分表达作者的精神内涵。时装画的用线来自传统的勾线方法，同样讲究线条的转折、顿挫、浓淡、虚实，同时要求高度的精炼和概括。此外，线的表情可以强化作者的主观意念，烘托整体画面的气氛。时装画的基本勾线方法有以下三种：

（1）勾线：勾线均匀流畅、规整细致，适合表现质感轻薄、柔软细腻的服装服饰品。多以钢笔、针管笔等工具来表现（图4-32~图4-34）。

▲　图4-32 勾线表现。画面的勾线处理松弛而自然，线条刚柔结合，松紧适度，疏密处置得当（刘萨丽　绘）
◄　图4-33 勾线表现。画面的用线具有一定的装饰性，铅笔线条写实而富于形式感，细节表现精致（华嘉　绘）
　　图4-34 勾线表现。画面线条勾勒顺畅而有力度，用线松紧节奏把握得当，人物形象处理生动有趣（刘秋华　绘）

（2）粗细线：笔法挺拔、刚柔相济、跌宕起伏，通常用来表现质感厚重、挺括的服装面料。勾线工具以速写钢笔、衣纹毛笔为主（图4－35～图4－38）。

◀ 图4－35 粗细线表现。画面使用针管笔与钢笔相结合，借用粗细线的转折变化和擦笔的暗面涂抹表现出裙装的质感和体量感（李文斯　绘）

▼ 图4－36 粗细线表现。运用长短不同的粗细线条，突出服装的材质变化，手套边缘皮草材质的表现真实生动（刘睿越　绘）

◀ 图 4－37 粗细线表现。这是一幅用炭铅笔表现的线 描作品，用线灵活而肯定，运笔虚实把握得当，人物造型准确简练（王超　绘）

▼ 图 4－38 粗细线表现。作者运用粗细线的疏密变化，勾勒出羽毛的层次和质感。简单纯粹的绘图语言，细腻生动的笔法，让画面充满张力（曾秋寒　绘）

▲ 图4-39 不规则线表现。不规则的线条奔放而有力度，传达出作者对服装独特的审美取向，整体上给人一挥而就的感觉（谢玮 绘）

图4-40 不规则线表现。画面运用不规则线条，以线代面，充分表现出羊毛外套的粗犷质感，丰富了画面的时装语言（郑宇 绘）

（3）不规则线：不规则线主要用于表现肌理变化丰富、质感对比强烈的织物。线条抑扬顿挫，挥洒自如，常以多种不同的工具组合表现。如毛笔侧锋、铅笔、签字笔等工具（图4-39~图4-41）。

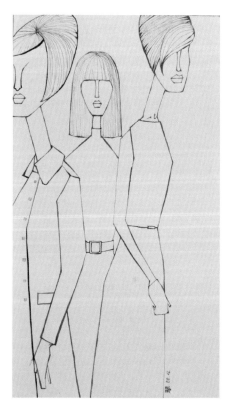

▶ 图4-41 不规则线表现。画面采用有色底纹纸，其用线既规整又富于变化，构图别致，装饰画的味道浓郁（余晓琴 绘）

（二）黑白灰表现技法

　　黑白灰的时装画好似一张黑白照片的效果，以单纯的素描关系，表现出层次丰富的黑白色调，简言之就是运用黑白灰的层次来表现服装。绘画中的影调使画面人物具有立体感，时装画中经常采用侧上方光源，由于人体的体积和动势而形成了不同的影调。着色时，一般在人体受光面留出飞白，在背光面加重影调，同时在人体头部、躯干部分的肩、胸、腰、臀处和四肢的关节部位要着重强调。值得注意的是，在时装画中影调是可任意选择的，有些时装画不加任何阴影，纯平面的效果使画面具有更加特殊的表现力（图4-42）。

　　根据面料质感的不同，黑白灰画法可以分为薄、厚两种。薄画法以水彩黑色作为主要原料，通过加水的方法来确定不同的层次明暗关系；厚画法则以水粉黑色为基础色，用白色进行调和（图4-43～图4-48）。

◀　图 4-42 绘画中的影调（吴栩茵　绘）
▼　图 4-43 这是一幅速写风格的时装画，炭笔与色粉搭配使画面生动、松弛而舒展，在高度概括和艺术品味中寻找平衡（温馨　绘）
　　图 4-44 运用晕染技法表现服装的质感与造型，亮面高光与暗面反光的渐变对比呈现出光影的流动，增加了画面的通透感（李春菁　绘）

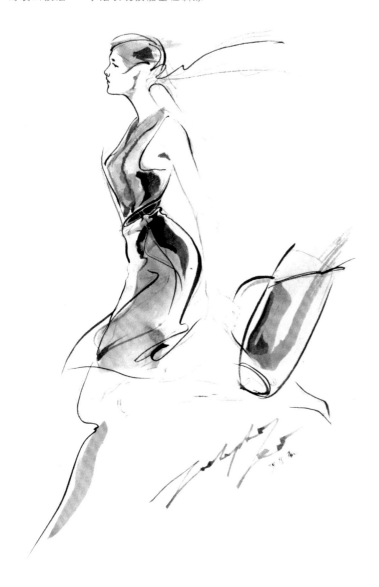

45	46
47

图4-45 画面中充满丰富而多变的灰色调，笔触奔放而洒脱。寥寥几笔水墨，灵动地再现出丝绸面料的光感（罗宇豪 绘）

图4-46 这是一幅铅笔素描效果图。用笔肯定而有力度，细节刻画突出了服装的结构特点，巧妙的影调处理增加了画面的神秘感（刘秋华 绘）

图4-47 画面运笔自然洒脱，线条生动流畅。披肩的夸张随意与裙子的简练概括相映成趣，黑白灰关系清晰明了（李文斯 绘）

▲　图4-48 强烈的黑白对比关系使画面显得简
洁而概括。作者以线代面，完美地诠释出服装
面料的质感和着装的美感，鲜活的人物形象呼
之欲出(余晓琴　绘)

（三）色彩薄画法的表现技法

薄画法和厚画法是彩色时装画的两种基本表现技法。薄画法是以水彩、透明水色等透明原料为主要材料，以吸水性强、毛质柔软的白云笔、水彩笔为基本工具的画法，其中钢笔和铅笔淡彩是最常见的薄画法表现形式。

在薄画法中，水彩的运用最为常见。水彩晶莹透明，覆盖力弱，但渗透力强，既可以大面积平涂，也可以精致刻画细小部位，并通过渲染、晕染等方法使画面层次清晰，生动随意。水彩既适合表现纱、丝等轻薄柔软的织物，也适合表现挺括且具有光泽感的棉麻织物。

在使用水彩颜料时，应注意水份的把握和笔触的运用。为了保持水彩薄而透明的感觉，在需要提亮颜色时，尽量用水而不是白色水粉来调和颜料，着色时要反复斟酌，果断下笔，一气呵成。可以根据服装结构和画面的需要适当留出飞白，切忌多次涂改（图4-49~图4-56）。

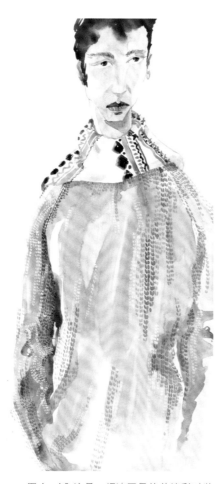

▲ 图4-49 这是一幅速写风格的淡彩时装画，笔触生动而随性，针织纹理的表现轻松洒脱，充满节奏感与趣味性（刘秋华 绘）
▶ 图4-50 这是一幅生动的铅笔淡彩时装画，画面风格独特，设色交融连贯、丰富清透，笔触生动流畅，薄而透明的色彩变化处理使画面别具神采（罗宇豪 绘）

▲ 图4-51 这是一幅速写风格的淡彩时装画，笔法流畅自然，裙装质感的写意表现大气洒脱（温馨　绘）

▲　图4-52 作品采用水彩晕染技法，笔法流畅自然。在第一遍颜色未干时，某些部分涂上第二遍颜色，追求色彩晕染自然形成的微妙肌理和虚实变化（Stina Persson 绘）

▶　图4-53 这是一幅典型的淡彩勾线时装画。下笔准确果断，设色简单明快，线条干净利落，五官气韵生动。黄色背景的布局巧妙，在画面中起到很好的装饰衬托作用（焦洁 绘）

▲　图 4-54 借鉴中国画中写意的技法，寥寥几笔就展现出模特的动势和服装的质感，其
效果生动而大气。滴流的水渍看似随意，却起到了平衡画面的重要作用（华嘉　绘）

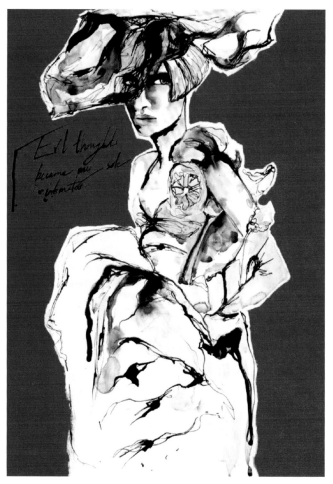

▲　图4-55　画面中充满了浪漫的装饰气息，追求大气、整体的意境。水印中色彩的自然渐变效果，体现出个性叛逆的绘图意趣（温馨　绘）

▲　图4-56　作者运用钢笔淡彩技法，在受光处大面积留白，褶皱和阴影处利用钢笔墨迹加重影调，有种大写意的意境。红色背景的设置既增加了画面的空间感，又赋予了作品强烈的视觉冲击力和神秘的气息（Louise o'keeffe　绘）

（四）色彩厚画法的表现技法

　　厚画法是以水粉、油画、丙烯等为颜料，以水粉笔、油画笔为主要工具的表现方法。厚画法多用于表现呢绒、粗针织、皮革等厚重且肌理突出的面料。水粉颜料以其覆盖力强、适用性广而成为厚画法颜料的典型代表之一。水粉画法适合表现一些质地厚实、粗犷和带有特殊肌理的服装效果。在实际运用中，水粉画可厚可薄，既可以摒弃明暗关系，通过色块平涂的方法使画面具有强烈的装饰性和感染力，也可以通过适当的光影飞白强化服装的立体感，使画面轻松而写意（图4-57～图4-64）。

◀　图4-57　作者运用水粉厚画法，在抽象随意的笔触韵味中融入质感的表现，写实风格强烈（邓玲琳　绘）

▲ 图4-58 作品结合水粉干、湿表现技法，强调出人物的立体感和光影效果。运用写实手法刻画人物的头部与上半身服装，以写意手法概括表现裙子与背景，画面虚实掩映，轻松生动（张璇　绘）

59 60
61 62

图4-59 水粉色具有较强的覆盖力，在黑卡纸上用水粉厚涂，多变的笔触突出颜料与底色的反差，对于服装特殊肌理的表达清晰而准确（刘秋华 绘）。图4-60 画面人物造型生动有趣，色彩艳丽饱和。运用水粉厚画法，突出服装固有色和光影效果，大块面的补色与对比色设置，形成了画面明快靓丽的独特风格（齐悦 绘）。图4-61 这是一幅较为典型的水粉时装画，画面强调对服装结构和织物固有色的刻画，细节描写较为放松，背景的映衬突出了画面的虚实关系（张璇 绘）。图4-62 这是一幅速写风格的水粉厚画法作品，粉红色底纹纸的选择决定了画面柔美浪漫的基调，笔触洒脱大气、酣畅淋漓（David Downton 2001 年绘）。

▲　图4-63 富有张力的笔触，穿插飞白的处理，生动地表现出披肩的结构和体面转折关系。人物背后的两笔黑色映衬出光影与结构，不失为整体画面的"出彩"之笔（刘秋华　绘）

▶　图4-64 该作品结合水粉厚、薄两种画法，再现出唐代服饰的盛世辉煌。画面人物造型饱满而生动，通过晕染技法将薄纱的透明质感表现得淋漓尽致，壁画风格的背景与色彩华美的服饰相得益彰（向彦昕　绘）

四、多种材质与风格的综合技法表现

（一）麦克笔的表现技法

▼ 图4-65 这幅时装画使用水性麦克笔，运笔肯定果断，笔触衔接巧妙。受光面的留白增加了画面的光感与层次，效果真实而生动（王悦 绘）

图4-66 这是一幅具有速写风格的时装画，作者使用油性麦克笔，利用笔触的干湿变化表现出材质的特点。虽然寥寥几笔，但笔简意足，粗细的笔触相映成趣，简约而大气（王楠 绘）

麦克笔以其色彩丰富饱满、使用方便快捷等特点被广泛地应用在服装效果图和草图的绘制中。麦克笔分为油性和水性两类：油性麦克笔覆盖力强，颜色有厚重而润泽的感觉，适合大面积涂抹；而水性麦克笔颜色柔和而透明，覆盖力弱，笔触清晰。

麦克笔技法讲究笔触的排列与穿插，运笔要肯定果断，可以适当留有空白，但切忌反复涂抹。运用麦克笔表现阴影和图案时，应本着"先浅后深"的着色顺序，多色重叠会造成画面的脏浊，一般情况下在两色重叠后，可用彩色铅笔继续加深阴影或提亮高光，还可以与水彩、钢笔结合使用（图4-65～图4-68）。

◀　图 4-67 作者对麦克笔的运用非常大胆娴熟，利用笔触的变化表现出丰富的质感。动漫的人物造型，随性而洒脱的线条与夸张的色彩运用将个性的飞扬尽现纸上（王楠　绘）

▼　图 4-68 这是一幅麦克笔与钢笔速写完美结合的时装画作品。画面中大面积留白，局部用麦克笔穿插变化，服装的放松处理突出了头部的趣味刻画。果断概括的几笔色彩，既形成了画面淡雅的色调，又使画面充满了慵懒闲适的意趣（Eleanor Shenton 绘）

（二）彩色铅笔的表现技法

彩色铅笔色彩柔和，质地细腻，使用便捷，是一种容易掌握的绘画工具。彩色铅笔分为普通彩铅和水溶性彩铅两种。普通彩铅的性能与绘图铅笔基本一致，用笔讲究层次关系，可以运用虚实笔迹的不同进行细节勾勒和整体涂抹，真实的表现服装造型和面料质感。上色时应注重多种颜色的混合使用，在统一的色调中寻求丰富的色彩变化。水溶性彩铅在普通彩铅的基础上加入了水彩的性能，因此在需要强调色彩效果时，可以将水渗入已画好的彩铅中，按照作者的意图任意晕染，以得到虚实交替的层次感和真实生动的画面效果。同时，彩色铅笔也可以与其他绘画工具结合使用，准确地表现服装造型和面料质感，如水粉、水彩加彩色铅笔，彩色铅笔加钢笔等（图4-69～图4-72）。

▲ 图4-69 平铺直叙，直接用彩色铅笔勾画针织肌理；配以淡彩，轻松地展现出针织慵懒随意的特质

▶ 图4-70 作者运用彩色铅笔素描技法，使整个画面沉浸在柔和而淡雅的色调中，彩铅较好地表现了针织衫柔软而富有弹性的质感，营造出优雅唯美的视觉效果（刘烨 绘）

▲　图 4-71 为了营造画面的写实效果，在水粉底色的基础上，用彩色铅笔素描的技法刻画影调和反光，多色多变的笔触达到了多层次的混色效果（杨茜元　绘）

▶　图 4-72 在深咖啡色的卡纸上用彩色铅笔惟妙惟肖地表现出牛仔披肩、皮肤和头发的质感（梁雅璐　绘）

（三）油画棒及综合技法

油画棒与蜡笔不仅具有色彩艳丽、醇厚、覆盖力强等特点，而且具有粗犷、豪迈的表现风格，多用以塑造粗针织、粗纺花呢等厚重质感的面料。油画棒与蜡笔均属于油性绘画工具，因其油性较强且质地粗糙，所以常与水彩、透明水色等水性颜料搭配使用。一般先以油画棒和蜡笔绘制纹样，再施以水彩颜料，因油质颜料不易溶于水，所以可以凸现出原有的纹样，从而表现出丰富而夸张的肌理效果（图4-73～图4-76）。

▶ 图4-73 在大面积水粉平涂的色块上用蜡笔勾画出图案与层次。热辣的非洲色彩与个性的人物造型，将浪漫的装饰主义风格展现无遗（齐悦 绘）

◀　图4-74 作品使用油画棒平涂的技法完成，特殊的油性材料产生丰富的笔触变化。画面中粉色礼服与沙发融为一体，在深色渐变背景的映衬下，越发显现出一种独特的松弛的状态

　　图4-75 作者先在服装的主体部分用水粉颜料画出底色和明暗关系，再用油画棒表现装饰图案。画面中油画棒粗犷的笔痕，概括的色彩关系与动感的人物姿态，传达出印象派的味道（李文斯　绘）

▼　图4-76 作者先以黑色油画棒勾勒出轮廓，再以水彩颜料画出底色、纹样和服装的明暗关系，最后用油画棒表现服装肌理。画面中油画棒粗犷的笔痕、单纯的用色与精细的图案刻画，形成了细腻而变化丰富的色彩与层次关系（Tod Draz 1950 年绘）

（四）色粉笔的表现技法

色粉笔是一种质地极为细腻的粉状绘画工具。在绘制时，色粉线条因粉末的流散而呈现出丰富的变化，给人朦胧、随意、洒脱之感。使用色粉笔时，要注意运笔的虚实变化，既可以强调保留笔触，又可以直接用手或软纸揉擦混合色彩，使色彩衔接自然而细腻（图4-77~图4-80）。

▶ 图4-77 作者尝试以色粉概括表现服装色彩与轮廓，黑色背景的映衬强化了画面的色彩对比，透明胶带折叠拼贴巧妙地表现出塑胶外套独特的质感（华嘉 绘）

图4-78 画面人物与服装造型简练概括，作者利用色粉的独特性能，揉擦出细腻的影调变化，丰富了画面的质感。大块面色彩处理使人物与背景融为一体，整体画面效果大气，形式感强（江雪 绘）

▼ 图4-79 色粉主要应用在画面背景的处理上，作者先用色粉平涂，然后使用软毛刷揉刷，形成多色、多质感回合的背景效果，与粉红色珠片礼服相互映衬，画面的整体色调突出，给人丰富而多变的感受（温馨 绘）

图4-80 单纯地使用色粉笔平涂技法，既表现出羊毛外套鲜艳的色彩和图案，细腻的粉质更传达出毛呢织物的粗厚质感。画面色彩对比强烈，风格独特（刘烨 绘）

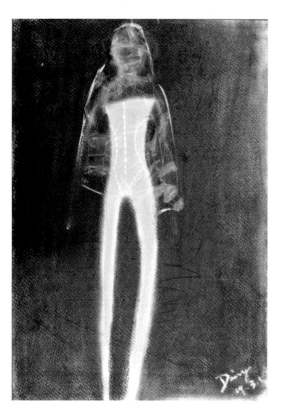

（五）有色纸及拼贴的运用技法

在有色纸上进行时装绘画有两类基本方法：其一是利用深色底纹纸反衬白色或其他浅色服装，表现出其色彩的亮丽；或是借用纸张的丰富肌理来突出面料的特殊质感。其二是利用色纸绘画与拼贴相结合的方法，增加画面的层次肌理感和装饰效果（图4-81～图4-83）。

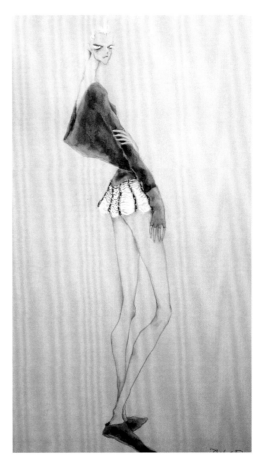

▲　图4-81　作者使用深色底纹纸表现较高明度的服饰、具有浓郁的装饰风格。运用厚画法，自然地留出服饰结构和纹样，生动而富有异域风情（Hoy Jade Darer　绘）

　　图4-82　作者颇具匠心地选用了雅致的灰色水彩纸作为底色，人物部分采用素描方法弱化处理，反衬出服装的造型和丰富的质感，画面整体风格优雅而唯美（徐莉萍　绘）

◄　图4-83　作者大胆地在红色底纹纸上表现红色调西装，营造出一种时尚与神秘交织的氛围，风格独特。运用铅笔素描和水粉相结合的技法表现出服装丰富的肌理变化和层次感（Iga Gawronska 绘）

拼贴技法的特点是以各种现成的材料，如纸张、布料、扣子、毛线等，通过剪裁拼贴的方法替代绘画的一种表现方式，有时候会涉及多种材料和绘画工具的混合使用，其目的是借助拼贴技法，更好地传达出服装服饰品的色彩、图案和质感，烘托画面的气氛。拼贴技法的运用可为设计进程带来一定的自由度和趣味性，有时会成为一种更富表现力的绘画方法（图4-84～图4-87）。

▷ 图4-84 作品在写意绘画的基础上结合拼贴技法，选择红粉色系的图片剪裁拼贴服装局部，并适当保留图片原有的图案，巧妙而富于趣味性（华嘉 绘）

图4-85 直接利用皮革材料的纹样和肌理表现的女装设计图（Pierre-Louis Mascia 绘）

▽ 图4-86 作品以印刷品拼贴完成，看似随意，实则构思精巧，画面生动而富有情趣

图4-87 在已完成的麦克笔时装画上，用缝纫机拼贴蓝色布料作为底色。面料与缝纫线迹的真实质感成为画面的亮点，装饰趣味十足（谢诣 绘）

第 ⑤ 章　服装款式图

一、什么是款式图

服装款式图，又被称为平面结构图或工艺图，是指一种单纯的服装服饰品的平面展示图。款式图适合工业化生产的需要，可以作为服装生产的科学依据而独立存在；也可以作为对时装画的辅助和补充说明。时装画展示出服装的整体搭配和设计师的风格与艺术表现力，而款式图则按照正常的人体比例关系对服装进行说明，清晰地展示出时装画中被忽略的细节部分，打板师往往是依照它来进行纸样设计的。

二、款式图的结构与比例

款式图以严谨详实的手法尽可能准确地展现出服装的款式、比例和细节，这就要求绘图者对服装结构有充分的了解，如服装的省道、结构线、褶皱、装饰线等。款式图中不显示人体，但是对服装的描绘要符合人体的比例关系，同时还要注意对服装各部位之间比例的把握，例如袖长与衣长、领形与衣身、腰节线的高低、省道的表情与长度、扣位与口袋位等结构的比例（图5–1）。

三、款式图表现要点

（一）对服装款式特征的表现

在绘制款式图之前，要充分考虑服装的款式特点，如服装的领形、袖形的变化，选择最佳的展示角度，画出符合实际的平面款式图。如图5–2所示，根据服装肩形、袖形和袖口的特征，调节手臂倾斜角度，以最佳姿态展现服装袖形结构。

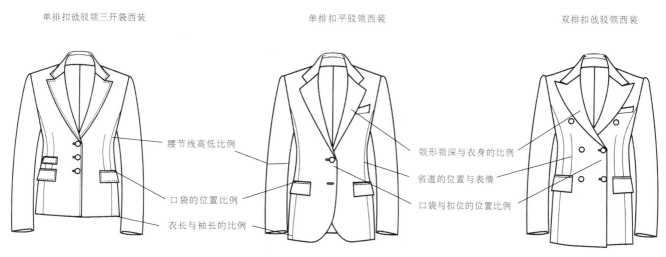

单排扣戗驳领三开袋西装　　　　　　单排扣平驳领西装　　　　　　双排扣戗驳领西装

腰节线高低比例

口袋的位置比例

衣长与袖长的比例

领形领深与衣身的比例

省道的位置与表情

口袋与扣位的位置比例

▲　图5–1 款式图的结构与比例

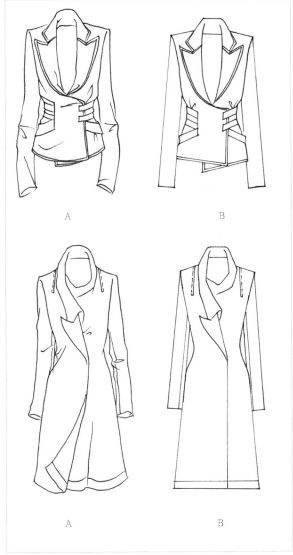

▲　图5-2 对服装款式特征的表现。图5-3 根据用途选择不同的表现方法

（二）根据用途选择多种表现方法

从构思设计到制板生产，服装款式图广泛应用于服装行业的各个环节中，根据款式图的具体用途，选择不同的表现方式对服装进行说明。如图5-3所示，写实风格的A图用于构思或提供款式方案，规整的B图用于工业生产说明。图5-4是一张款式图手稿，图中清晰地展示出设计师对服装结构变化的理解和前后衣身的比例关系，根据这张图，打板师就可以进行纸样设计了。图5-5是一张服装工艺单，用于样品制作和工业生产环节。工艺单上除了有正背面的款式图和细节说明外，还应准确填写成衣尺寸、辅料和具体的工艺制作要求。

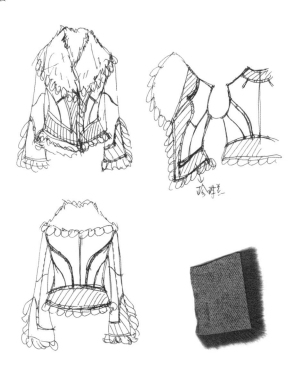

▶　图5-4 款式图
手稿（王悦　绘）

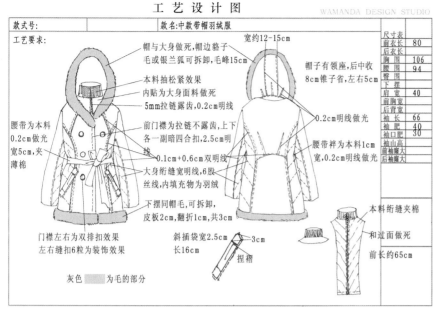

工 艺 设 计 图

WAMANDA DESIGN STUDIO

款式号:	款名:中款带帽羽绒服

工艺要求:

宽约12-15cm

帽与大身做死,帽边貉子毛或银兰弧可拆卸,毛峰15cm

帽子有领座,后中收8cm锥形省,左右各5cm

本料抽松紧效果

内贴为大身面料做死

5mm拉链露齿,0.2cm明线

0.2cm明线做光

前门襟为拉链不露齿,上下各一副暗四合扣,2.5cm明线

腰带为本料0.2cm做光宽5cm,夹薄棉

腰带袢为本料1cm宽,0.2cm明线做光

0.1cm+0.6cm双明线

大身绗缝宽明线,6股丝线,内填充物为羽绒

下摆同帽毛,可拆卸,皮板2cm,翻折1cm,共3cm

门襟左右为双排扣效果
左右缝扣6粒为装饰效果

斜插袋宽2.5cm
长16cm

3cm

捏褶

本料绗缝夹棉

和过面做死

前长约65cm

灰色 ▨ 为毛的部分

尺寸表	
前衣长	80
后衣长	
胸 围	106
腰 围	94
臀 围	
下 摆	
肩 宽	40
前胸宽	
后背宽	
袖 长	66
袖 肥	40
袖口肥	30
袖山高	
前袖窿大	
后袖窿大	

◀ 图5-5 工艺设计图
（陈闰荆 绘）

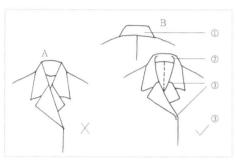

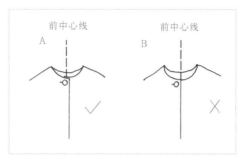

前中心线　　　前中心线

6	10
7	
8	
9	

◀ 图5-6～图5-10
绘图细节

（三）绘图细节说明

1.领子和领口弧线1（图5-6）

① 翻领弧线要保持上下平行。

② 领口翻折线微弧。

③ 为表现领子翻折厚度,此处要用弧线表示,并适当留出空隙,不要画成尖角。

2.领子和领口弧线2（图5-7）

翻领处要自然贴合颈部曲线,不要向外打开,用线要圆顺。

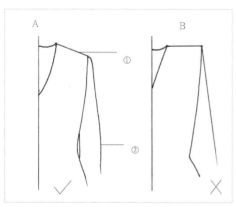

3.肩部（图5-8）

① 注意肩线的倾斜度。

② 袖窿处袖子圆顺下垂。

4.衣身与袖子（图5-9）

① 袖子弧度最大的地方一般在腰围线附近,也就是袖肘处。

② 合体的服装可以在腰围线附近留出空隙。

5.前门襟（图5-10）

注意画出搭门的宽度和重叠量,扣位对准前中心线。

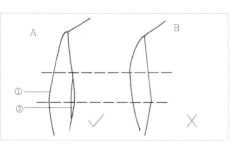

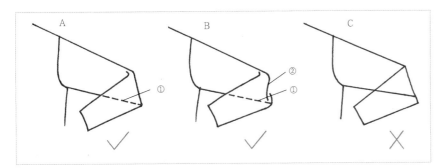

图 5-11~图 5-16 绘图细节

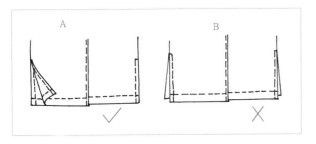

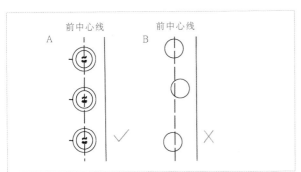

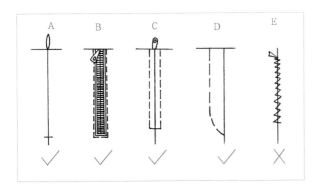

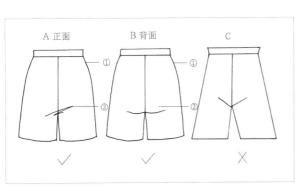
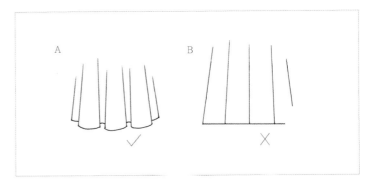

6. 袖肘处的转折（图 5-11）

　　① 注意虚线的位置，袖子的延长线应与翻折点相交。

　　② 可以适当用弧线表现面料的柔软与厚度。

7. 开衩（图 5-12）

　　用翻折的形式来表示开衩的位置和大小。

8. 扣子（图 5-13）

　　扣子分布要均匀，扣子的中心位置应对准前中心线，注意对扣眼、钉线等细节的描绘。

9. 拉链（图 5-14）

　　注意对拉链细节的描绘，从而表现出其工艺特点。

10. 裤子（图 5-15）

　　① 要以弧线表现臀部曲线。

　　② 注意前后裤裆处的简化处理。

　　③ 裤脚处的透视变化。

11. 裙子下摆（图 5-16）

　　注意对裙子下摆褶皱和透视的准确描绘。

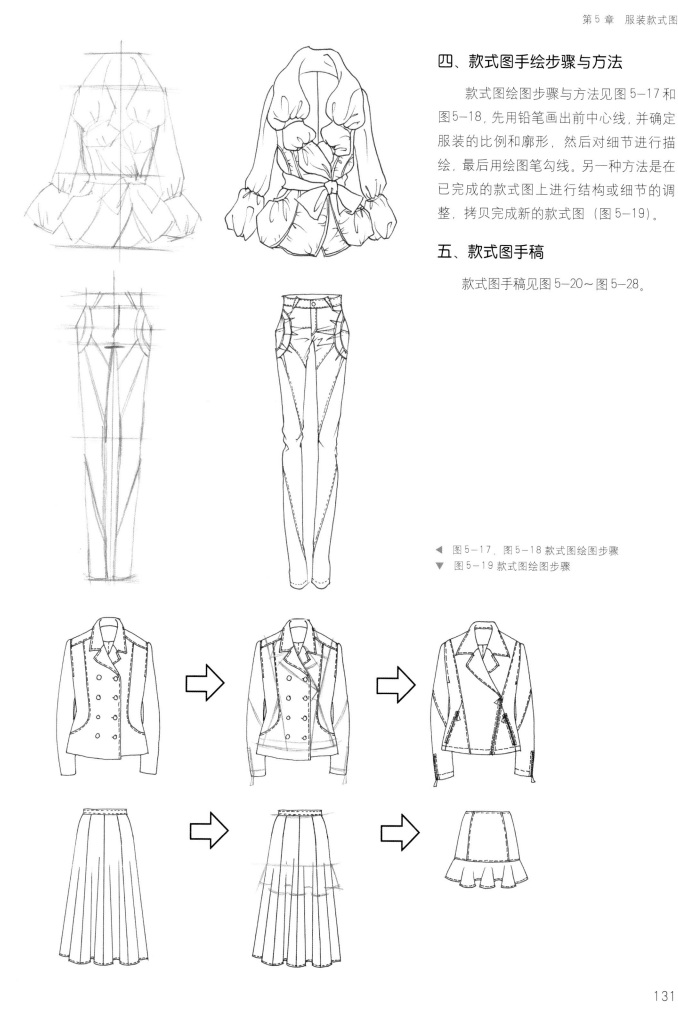

四、款式图手绘步骤与方法

　　款式图绘图步骤与方法见图 5-17 和图 5-18,先用铅笔画出前中心线,并确定服装的比例和廓形,然后对细节进行描绘,最后用绘图笔勾线。另一种方法是在已完成的款式图上进行结构或细节的调整,拷贝完成新的款式图(图 5-19)。

五、款式图手稿

　　款式图手稿见图 5-20～图 5-28。

◀ 图 5-17、图 5-18 款式图绘图步骤
▼ 图 5-19 款式图绘图步骤

▲ 图5-20 衬衫

▲ 图 5-21 半裙

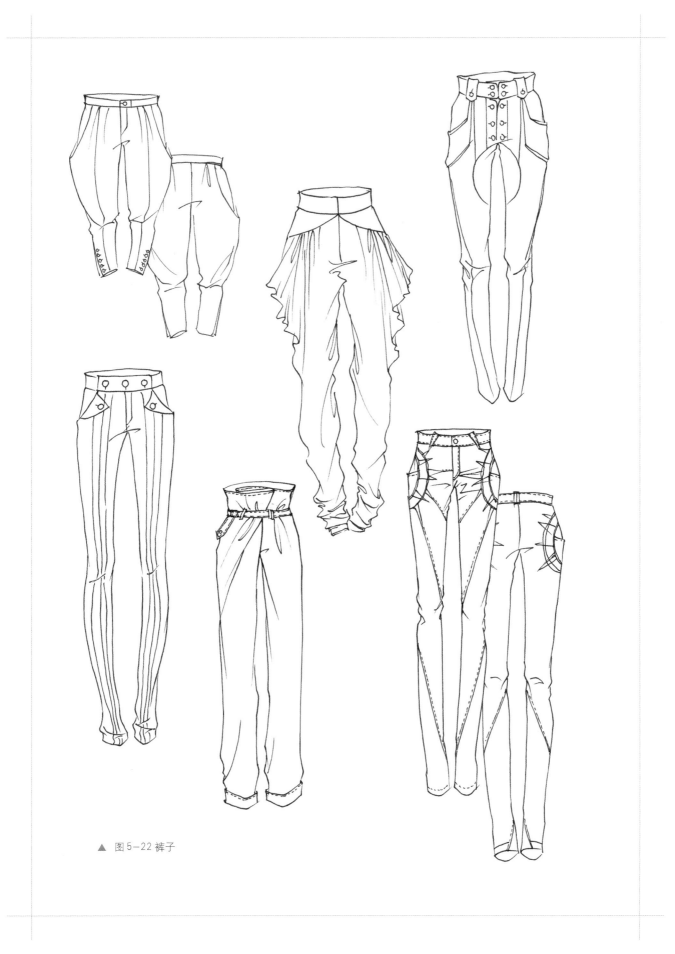

▲ 图 5-22 裤子

▲ 图 5-23 连衣裙

▲ 图5-24 针织衫

▲　图 5-25 外套

▲ 图 5-26 夹克

▲ 图5-27 大衣

▲ 图5-28 西服便装

服装款式图绘图：吴栩茵、陈闰荆

第⑥章 全国时装画艺术大赛获奖作品赏析

本章中的时装画作品是从"全国时装画艺术大赛"百余幅获奖作品中精选出来的。该大赛由《服装设计师》杂志主办，自2002年创办，每年举办一届，是目前国内唯一的以时装画为竞赛内容的专业赛事。这些时装画作品在创作构思，表现技法，色彩、款式和面料的搭配上独具匠心，从中我们可以找寻出不同的绘画形式和风格，体味到作者对时装绘画探索的勇气和精神。相信这些作品能为读者带来美好的享受，并使服装设计师和爱好者获得启发。

▲ 图6－1 第一届金奖作品，作者：张书彦。水彩与水粉结合的表现手法，丰富了画面的时装语言，巧妙地表现出服装的层次变化和材料的光泽感。简练的笔触与艳丽的色块完美结合，富有趣味感，显露出作者清晰的绘画思路和娴熟的表现技法

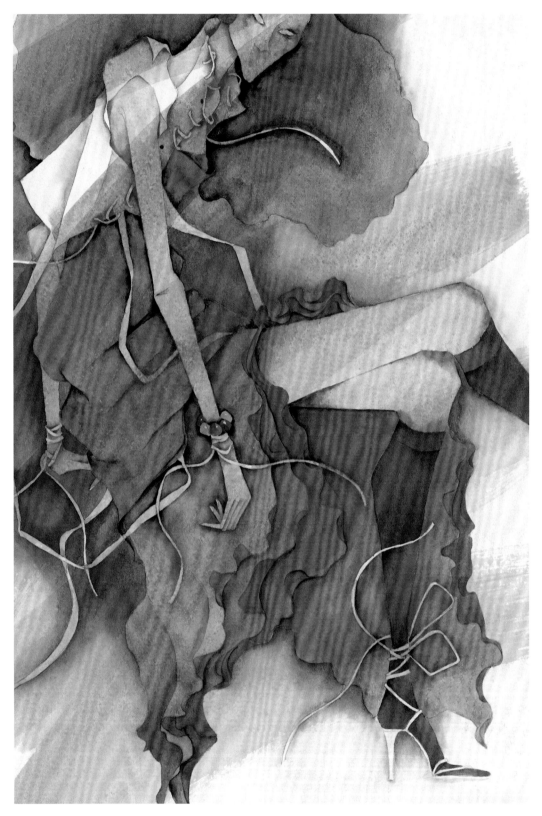

▲　图6-2 第四届金奖作品《克里斯蒂娜的晚装》，作者：陈园。作品统一在温暖的红褐色调中，洗练的线条与准确的人物造型显露出作者扎实的绘画功底。画面主体的晕染与背景的大写意处理相映成趣，效果十分完整

▲　图 6 – 3 第五届金奖作品《盛世落英》,作者:张晓迪。作者运用水彩晕染技法,水墨淡彩之中流露出含蓄的东方审美意味和神秘空灵的气息。人物的神态极具忧郁伤感之美,低倾的头部与装饰线描的长发处理充满了张力。利用黑、黄、白三色之间的相互透叠,形成了变化丰富的色彩与层次关系,画面效果十分完美

▲　图6-4 第五届银奖作品《蓝涉》，作者：胡劢。这幅淡彩时装画显示出作者扎实的速写功底，画面主体在蓝色背景的映衬下脱颖而出。人物造型生动，线条组织疏密有致，用线洒脱准确，酣畅淋漓。面部、耳环和腿部图案的细节刻画深入，画面风格雅致清新

▲　图6-5 第六届银奖作品《提线木偶》，作者：余子砚。运用铅笔素描与淡彩相结合的技法表现出服装及
人物的结构、明暗、空间和质感。画面色调含蓄优雅，人物形象饱满，姿态生动，头、手以及细节处的刻
画显露出作者较好的绘画基础

▲ 图6-6 第五届铜奖作品《无聊》，作者：张雯。作者受日本动漫绘画风格的影响，人物造型独特。运用淡彩晕染技法刻画出服装细节，在画面中营造出一种时尚与另类交织的氛围

图6-7 第二届铜奖作品，作者：王斌琳。这是一幅写实风格的淡彩时装画。画面人物造型生动准确，服装款式结构与整体表现手法和谐统一。褶皱的抑扬顿挫，五官和手姿的刻画颇见功力

◄ 图6-8 第七届铜奖作品《玩偶的华服》，作者：董怡。着装者玩偶的造型，不仅突出了服装款式的细节变化，更透露出天真的趣味。近乎于无彩色系的的基本色调，虚实与明暗关系的准确把握，使作品颇具版画效果，营造出梦境般的怀旧情调

▲　图6-9　第六届铜奖作品《Summer　Dreaming》,作者：邓霁。这幅漫画风格的作品，洋溢着浓浓的童趣，服饰图案的刻画与背景海滩的处理相映成趣。写实的绘画手法，清晰的服装结构与细腻的图案刻画，适度地将漫画风格与时装画融为一体。人物背后的黑白变异图案，还原了一个真实的"Summer　Dreaming"

▲ 图6-10 第六届优秀奖作品《Dance with Me》，作者：庞鹏。夸张的人物造型使画面极具趣味性，四肢和脸部的变形与服装细节的融合恰到好处。画面设色大胆、风格独特、个性鲜明

▶ 图6-11 第六届优秀奖作品《魂》，作者：朱英蓉。作者运用综合表现技法，结合使用透明水色、彩色铅笔、铅笔以及勾线笔等多种工具，先以铅笔水色晕染，再以彩色铅笔描绘暗部影调，最后用不规则线强调出外轮廓。裙摆局部的晕染手法和夸张的不规则线处理丰富了画面的层次感和表现力

图6-12 第五届优秀奖作品《Hobby horse.时尚木马》，作者：徐珊。作品在构图上富于动感，利用麦克笔不同的笔触表现出人物、服装与服饰品等多种质感。笔触的轻松自如带出服装的灵动与洒脱，大胆的橙色反光处理使整个画面活跃起来，生动多变的外轮廓线增加了画面的装饰性

▲　图6-13 第四届入围奖作品《Per.J》，作者：刘洁。画面用笔自然洒脱，黑白灰
关系简洁随意，面部处理细致微妙，具有一种浓郁的异国情调。左上角的条形码
图案和右下方的绿色块相映成趣，使画面效果更加丰富完整，趣味生动

▲ 图6-14 第五届入围奖作品《这一季》，作者：于扬。作者使用了麦克笔表现技法，富有张力的人物造型，艳丽的色彩对比，营造出画面的时尚气息。规则有序而充满节奏感的笔触排列，既塑造出发型的体积感与服装的动势，又使画面充满了装饰主义风格

▶ 图6-15 第四届入围奖作品《马克笔的魅力》，作者：杜树贤。整幅作品用麦克笔一挥而就，笔触穿插变化、洒脱利落，用线果断概括。在局部深色背景的映衬下，光影的流动之美尽现纸上

图6-16 第四届入围奖作品《幸福像花儿一样》，作者：韩雨蓉。这张时装画充满了装饰趣味。人物造型具有漫画特点，暖洋洋的色调中红、黄、绿色成为画面的主色调，作者使用蜡笔平涂技法细腻地表现出人物与背景丰富的色彩关系，背景上地毯、箱包和服装等细节的刻画更使画面产生别样情趣